JN302811

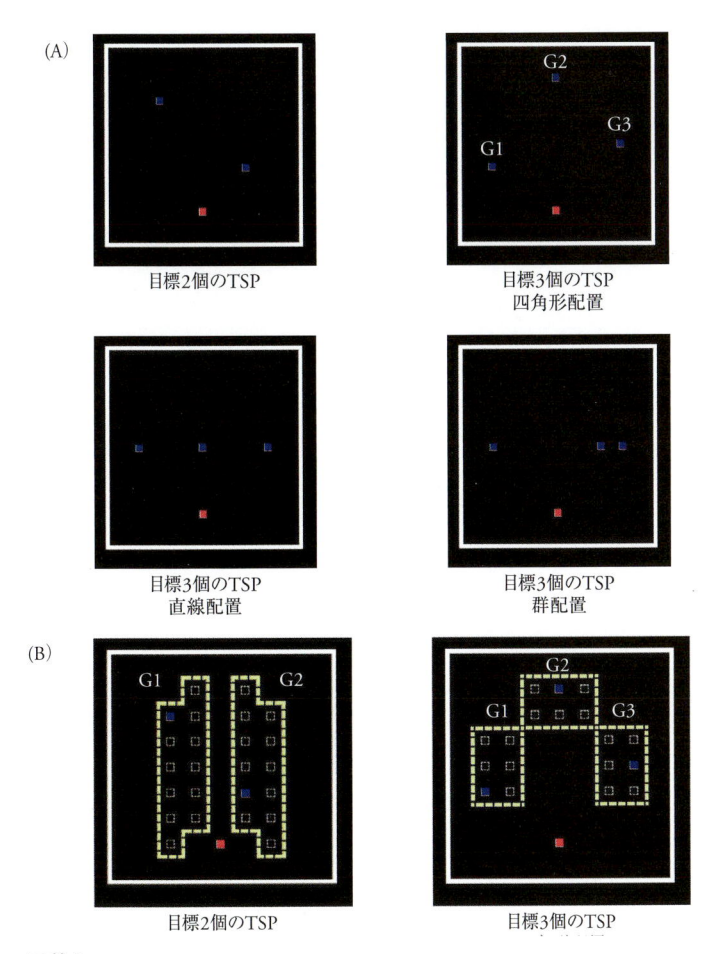

口絵 3

ハトが解いたコンピュータ画面上の巡回セールスマン課題（第 4 章; Miyata and Fujita, 2010）。（A）：各テストで用いられた課題の例。各図の下部にある赤色四角形が標的の開始位置を示しており，2～3 個の青色四角形（G1, G2, [ないしは G3]）が目標を示している。（B）：目標 2 個の課題（4-2）および目標 3 個の課題（四角形配置）（4-3）における刺激配置。各目標が，黄色の太い破線で囲まれた領域内の，いずれかひとつの小四角形の位置に置かれた。図示された以外の標的（T）の開始位置は，各図を 90 度，180 度，または 270 度回転させることで見ることができる。

口絵 4
キーア（ミヤマオウム）の鍵開け実験の様子（第 5 章; Miyata et al., 2011）。上：実験装置の上に乗って鍵開け課題を解くキーア（Zappel）。画面右側の区画で，10〜30 秒間装置を事前に観察した。下：2 段階の操作が必要な鍵開け課題（5-5）。まず棒 B を外し，次に棒 A を手前に引くことで，ふたを開けて下のピーナッツを食べることができた。鍵の上に乗せた板が透明の条件（写真）では，鍵を事前観察できたが，板が不透明の条件では，鍵を事前に見られなかった。（撮影：宮田裕光）

口絵 5
ヒト幼児の迷路実験（第 6 章; Miyata et al., 2009）に使った装置。テーブルの上に，超音波表面弾性波方式のタッチモニターを置き，モニター上に課題を呈示した。幼児は，実験者である著者（および幼児の母親）と一緒にモニターの前に座り，画面を指で触って課題を解いた。（撮影：宮田裕光）

口絵6
京都大学文学部の研究室から程近い鴨川の河原にいた野生のハト。2003年9月，卒業研究（第2章の一部）の合間に撮影した。実験室での研究から見えてきたハトの問題解決過程は，これらのハトの日々の生態にも結びつくだろうか？（第7章参照）（撮影：宮田裕光）

プリミエ・コレクションの創刊にあたって

　「プリミエ」とは，初演を意味するフランス語の「première」に由来した「初めて主役を演じる」を意味する英語です．本コレクションのタイトルには，初々しい若い知性のデビュー作という意味が込められています．

　いわゆる大学院重点化によって博士学位取得者を増強する計画が始まってから十数年になります．学界，産業界，政界，官界さらには国際機関等に博士学位取得者が歓迎される時代がやがて到来するという当初の見通しは，国内外の諸状況もあって未だ実現せず，そのため，長期の研鑽を積みながら厳しい日々を送っている若手研究者も少なくありません．

　しかしながら，多くの優秀な人材を学界に迎えたことで学術研究は新しい活況を呈し，領域によっては，既存の研究には見られなかった溌剌とした視点や方法が，若い人々によってもたらされています．そうした優れた業績を広く公開することは，学界のみならず，歴史の転換点にある 21 世紀の社会全体にとっても，未来を拓く大きな資産になることは間違いありません．

　このたび，京都大学では，常にフロンティアに挑戦することで我が国の教育・研究において誉れある幾多の成果をもたらしてきた百有余年の歴史の上に，若手研究者の優れた業績を世に出すための支援制度を設けることに致しました．本コレクションの各巻は，いずれもこの制度のもとに刊行されるモノグラフです．ここでデビューした研究者は，我が国のみならず，国際的な学界において，将来につながる学術研究のリーダーとして活躍が期待される人たちです．関係者，読者の方々ともども，このコレクションが健やかに成長していくことを見守っていきたいと祈念します．

第 25 代　京都大学総長　松本　紘

目　次

口絵　i

第 *1* 章　動物の思考と計画能力 ……………………………………… 1

1-1　動物の思考研究とその歴史　1
1-2　思考の定義とプランニング　5
1-3　ヒト以外の動物は計画能力を持つか　8
1-4　動物の計画能力の実験的研究　9
　　1）動物のプランニング（1）：現在の欲求を満たすもの　12
　　2）動物のプランニング（2）：将来の欲求を満たすもの　20
1-5　本書の研究と構成　24

第 *2* 章　回り道：ハトは経路を事前計画するか ……………………… 27

2-1　ハトのプランニング能力を研究する方法　27
2-2　コンピュータ画面上の空間移動と回り道　29
　　1）装置とハトの訓練 ── 実験の手続き　29
　　2）迷路（回り道）課題 ── 実験の概要と結果　31
　　3）ハトのナビゲーションと回り道の計画 ── 考察　36
2-3　すでに解き方を知っている課題の特定　38
　　1）既知の課題を特定できているか？ ── 課題選択プランニングテスト 1　38
　　2）刺激変化の大きさを統制してみると ── 課題選択プランニングテスト 2〜3　41
2-4　ハトの回り道行動とプランニング　46
　　1）ハトにおけるナビゲーションと回り道課題の遂行　46
　　2）課題遂行開始前のプランニング　47

第 *3* 章　先手読み：ハトの短期的計画と修正能力 …………………… 49

3-1　迷路課題を用いた新たなテスト手続き　49
3-2　十字形迷路によるハトの先手読み　50
　　1）参加したハトと十字形迷路課題の訓練　51
　　2）先読みのテスト　54
　　3）移動の向き，反応時間と先読み ── 実験結果と考察　55

3-3　手裏剣形迷路による事前計画　62
　　1）手裏剣形迷路の訓練とテスト手続き　62
　　2）移動の向き，反応時間と事前計画 —— 実験結果と考察　65
3-4　ハトの短期的計画能力とその進化　67

第4章　道順計画：複数地点を訪れるハトの経路選択 ……………… 73

4-1　巡回セールスマン問題と動物の道順選択　73
4-2　2個の目標はどの順で訪れるか　77
　　1）参加したハトと実験手続き　77
　　2）近い目標を最初に訪れる —— 実験結果と考察　79
4-3　3個の目標をいかに効率的に巡回するか　80
　　1）実験手続き　81
　　2）効率良く目標を巡回する —— 実験結果と考察　81
4-4　目標配置に関わらず選ぶ経路は一定か　87
　　1）実験手続き　87
　　2）巡回経路が変化する —— 実験結果と考察　87
4-5　群を形成した目標を最初に訪れるか　89
　　1）実験手続き　90
　　2）群を最初に訪れる？ —— 実験結果と考察　91
4-6　回り道があると経路を変えるか　93
　　1）実験手続き　94
　　2）遠い目標を最初に訪れるケース —— 実験結果と考察　95
4-7　ハトの経路選択とその方略　97

第5章　鍵開け：キーアの事前計画と生活史 ……………………… 103

5-1　キーアの生活史と認知能力　103
5-2　スライド式の事前観察板を用いた課題　108
　　1）参加したキーアと実験手続き　108
　　2）鍵選択の効率性と探索性 —— 実験結果と考察　113
5-3　1枚の事前観察板を用いた課題　118
　　1）新たな実験装置と手続き　119
　　2）適切な鍵を選択する —— 実験結果と考察　120
5-4　小さな事前観察板を用いた課題　121
　　1）新たな装置と手続き　122

2) 事前観察の効果はあるか？── 実験結果と考察　122
5-5　2段階の鍵操作を必要とする課題　124
　　1) 新たな装置と手続き　124
　　2) 誤りを素早く修正する ── 実験結果と考察　125
5-6　キーアの計画能力とそれを規定する要因　128

第6章　種間比較：幼児の迷路計画と抑制 ……………………… 133

6-1　ヒト幼児の計画能力と鳥類との比較　133
6-2　幼児の回り道行動とプランニング　135
　　1) 参加児と実験手続き　136
　　2) 近道の経路を選ぶ ── 実験結果と考察　140
6-3　十字形迷路による幼児の先読みと抑制　143
　　1) 参加児と実験手続き　144
　　2) 先読みと抑制の発達 ── 実験結果と考察　146
6-4　幼児の迷路計画と種間共通の選択圧　150

第7章　思考の進化史を考える ………………………………………… 155

7-1　ハト・キーア・幼児のプランニング　155
7-2　脳の進化と思考の発現　159
7-3　鳥類の生態とプランニング　165
7-4　異なる水準の計画とその統合的理解　169
7-5　プランニングのメタ認知と意識　171

コラム1　思考は脊椎動物だけのものか？　11
コラム2　行動データの解釈　71
コラム3　問題解決の遍在性　163

文献　177
あとがき　187
図表出典　189
索引　193

第1章

動物の思考と計画能力

1-1 動物の思考研究とその歴史

　われわれヒト（Homo sapiens）を特徴づける重要な資質のひとつに，多くの事象を組み合わせたり，難解な論理を操ったりといった，複雑で高度な思考能力を持つことが挙げられる．紛れもなく，思考はヒトにおいて高度に発達した知的能力であり，それはわれわれが日常絶えず直面するさまざまな問題場面で，作業の無駄を減らし，非効率で危険な行動を回避するのに役立っている．思考は生物進化の過程でどのように発現し，どのような進化史をたどって現在のようなものになったのだろうか．ヒト以外の動物は「考える」のだろうか．そうだとすると，動物の「思考」とはどのようなものだろう．これらは，ヒトがどのような存在であるかを理解する上で，この上なく重要な問いである．本書は，この本質的な問いに，動物を対象とした研究を通して実証的な回答を与えようとする，ひとつの試みである．

　ヒトもヒト以外の動物も，暮らしている物理的，社会的環境の中で，複雑精緻な思考をして問題を解決できれば，生存の上できっと有益になるはずだ．ならば，ヒトもヒト以外の多様な系統に属する動物も，持っている思考能力は，同じあるいは類似したものに収斂しているのかもしれない．一方で，動物が暮らしている生態学的な環境や，神経系の構造やサイズは，種によってさまざまに異なっている．それらの要因次第で，思考能力のあり方もさまざまに変わってくるのだろうか．このような問いには，ヒトの思考を調べていただけでは，答えることが難しい．化石種の動物における思考が調べられない以上，ヒトも

含めた現生の動物の思考を比較研究することが，可能な唯一の方法である。それによって，これらの諸要因から思考能力の進化史を跡付けることができるのではないだろうか。

ヒト以外の動物における思考能力については，比較心理学，実験心理学において，歴史的にさまざまな接近方法による実証研究を通じて検討がなされてきた。以下にそれらの代表的なものを挙げてみよう。

閉じ込められた箱から出るには ── 試行錯誤的問題解決

古典的には，試行錯誤的問題解決と洞察的問題解決に関する実験がよく知られている。Thorndike (1898) は，ネコを対象に問題箱と呼ばれる装置を使った実験を行った。問題箱とは，掛け金やひもなどのしかけのある箱の中に動物を入れ，動物が適切な操作をすれば箱が開いて外に出られる，というものである。問題箱の中に入れられたネコは，はじめのうちはいろいろな行動をランダムに試みるが，何らかのきっかけでうまく箱から脱出し，食物を得ることができる。これを繰り返すことで，無駄な行動が徐々に減少し，短い時間で正しく課題を解決できるようになる。このような連続的，漸進的な学習の過程を，試行錯誤学習あるいは試行錯誤的問題解決と呼び，これは後の学習理論の原型にもなった。

高いところのバナナを取るには ── 洞察的問題解決

Köhler (1925) は，チンパンジー (*Pan troglodytes*) が高所にあるバナナを取るために，おりの中にある複数の箱をバナナの下に移動して積み重ね，さらに棒を使うことで目標を達成することを示した。Köhlerはこれを，おりの中に置かれている複数の箱や棒，およびバナナの空間的位置といった状況に対する知覚が，バナナを取って食べるという目標に合うように一気に再体制化され，突如として正しい解決が生じたものと説明した。このような問題解決は，課題の場における情報を統合し，一気に解決の見通しを立てるものとして，洞察と呼ばれた。洞察の考えでは，問題解決は非連続的に突然出現する過程とみなされており，これは漸進的に学習が生じるとする試行錯誤説とは対照をなすものといえる。ただし，試行錯誤と洞察は，相互に排他的というわけではなく，同じ課題ある

いは種の中でも，状況に応じて両方が含まれることがあると思われる。
　近年の研究では，より多様な実験的アプローチにより，動物の論理的行動や因果認識のさまざまな側面が明らかになってきている。

あいつは自分より強い？　弱い？ —— 推移的推論

　A＞BでかつB＞CならばA＞Cという風に，複数の二項目間の順序関係に基づいて，直接示されていない順序関係を推論することを，推移的推論と呼ぶ。鳥類のハト（*Columba livia*），げっ歯類のラット（*Rattus norvegicus*），新世界ザルのリスザル（*Saimiri sciureus*）など，種々の動物がこうした推移的反応を示すことが知られている（たとえばvon Fersen et al., 1991; Davis, 1992）。このような一種の論理演算は，見えない餌場に向かう道を推定するといった物理的場面でも役に立つ可能性があるが，動物の社会生活の上で重要度が高いと思われるのは，群れの中での自分の順位を把握するといった，社会的文脈での推論であろう。Paz-y-Miño et al. (2004) は，社会性の強い鳥類の1種マツカケス（*Gymnorhinus cyanocephalus*）が，自分にとって未知の個体と既知の個体が戦っている様子を観察することで，未知の個体と自分との優劣関係を推論できることを示した。

棒を操作して食物を取り出す —— 道具使用

　動物の道具使用行動を通して知能を探る研究は，上述のKöhler (1925) をはじめ，比較心理学で古くから行われてきた。道具とそれを使う環境，そして得られる食物の間の因果関係を動物が認識しているかが，近年の実験研究の主要な関心である。新世界ザルのフサオマキザル（*Cebus apella*）では，水平に置かれた透明の筒に棒を突き刺して中の食物を手に入れる実験課題で，因果認識が検討されてきた。こうした課題で，サルは道具の棒と食物の関係を認識しているとともに，筒の途中に落とし穴や障害物が置かれた場面でも，適切な行動を学習できることが知られている（Fujita et al., 2003; Visalberghi et al., 1995）。
　Chappell and Kacelnik (2002) は，鳥類のニューカレドニアガラス（*Corvus moneduloides*）の道具使用行動を，透明の筒を使った課題によって検討した（図1-1）。水平に配置された筒の中央部に食物を置いたため，カラスは筒の近くに立てられた棒を使って食物を引き出す必要があった。カラスは，長さの異なる複

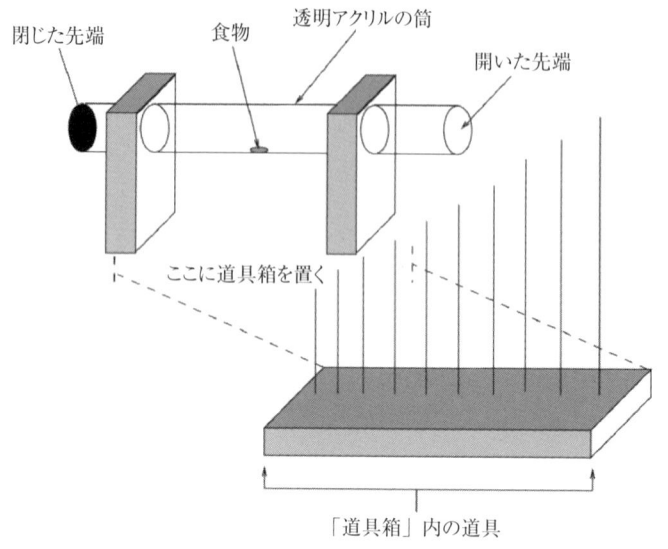

図1-1 Chappell and Kacelnik (2002) がニューカレドニアガラスに課した道具選択課題。手前の「道具箱」から一定以上の長さの棒を選択し，チューブに挿入することで餌を引き出す必要があった。

数の棒の中から，一定以上の長さの棒を適切に選択して，食物を手に入れることができた (Tebbich and Bshary, 2004 も参照)。道具の長さと，筒の端から食物までの距離との因果を，これらのカラスは理解しているようである。

　このように，多くの動物種が，複雑な問題解決の能力や，論理的と思われる行動を示すことが知られている。しかしながら，それらのさまざまな行動を導く際に，動物のこころの中で起きていること（内的過程）を分析的に明らかにしたものは少ないと考えられる。本書の主要な関心は，問題解決を導くための情報の変換や演算といった過程が，動物の脳内でどのように生起しているかを行動的に問うことにある。現在のところ，動物の「思考」についてはきちんとした定義がなされておらず，それを研究するための手法も十分には確立されていない。このような問いを解き進めるには，言語を持たない動物の「思考」を改めて定義するとともに，そうした内的過程を行動研究によってとらえるための，研究手法を確立することが必須である。

1-2 思考の定義とプランニング

　思考というと，一般には言語によるものと考えられているように思われる。実際ヒトは，思考の内容を出力する場合には基本的に言語を使うし，脳内だけで思考する場合でも内言という形で言語的な内省を介している場合が多いだろう。実験心理学におけるヒトの思考研究でも，言語の操作による分析，総合，抽象化などの検討が主流であった。そこから「言語なくして思考なし」といった主張も出て来うるわけだが，少し考察してみるとこのテーゼに対する反例は少なからず見つかることに気づく。たとえば交通路線図を見ながらはじめて行く街への行程を考えるとき，ネクタイを今までしたことのないやり方で結ぼうと悪戦苦闘するとき，オセロや囲碁，将棋のようなゲームで取る手を考えるとき，工作や折り紙で空間的な構造物を考えて作ろうとするとき，われわれは必ずしも言語にはよらず思考するのではないだろうか（図1-2）。それだけでなく，音楽や絵画，スポーツなど，ヒトの芸術文化的活動の多くでは，言語が介在しない思考が重要な役割を果たしていると考えられる。言語の重要性は疑いえないにしても，それが思考のすべてというのは一種の思い込みあるいは決めつけにすぎない。動物に思考があるとすればそれは非言語的なもののはずであり，それを対象として比較研究をすることが，思考能力の進化史を探るために必要だと考えられる。そこで，非言語的なものを含めた「思考」を心的表象の変換過程としてとらえる操作的定義を提案したい。

　図1-3に，思考の過程に関するモデルを示した（藤田，2004に基づく）。まず，生体が外部世界の情報を感覚器官から取り込み，脳内に保持する。これを1次表象と呼ぶことにする。その後，生体は脳内で1次表象のさまざまな属性を内的に変換することによって，最初に保持されたものとは異なる表象を内的に生成する。この過程を表象操作と呼び，このようにして保持された表象を，高次表象と呼ぶことにする。その後，生体は脳内に生成された高次表象に基づいて行動を出力する。この行動が問題解決にあたると考えられる。このような，脳内において高次表象を生み出す過程を，思考と捉えることにしたい（藤田，2004）。この枠組みにより，非言語的思考の行動的比較研究が可能になる。こ

図 1-2　思考はいつも言語によるものか？

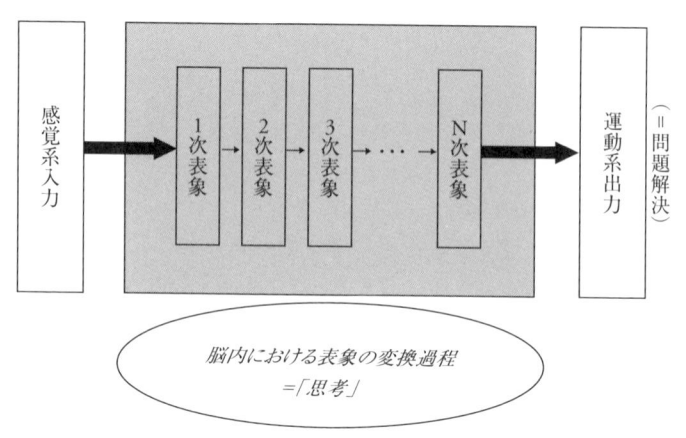

図 1-3　思考の過程に関するモデル。心的表象の操作過程として思考をとらえている。

のような非言語的思考は，発達した脳神経系を持つ動物にとって，ヒトと同様に適応的に重要な意義を持つはずだ。こうした表象操作には，物理的なものと社会的なもの，空間的なものと時間的なもの，予見的なものと回顧的なものなど，多くの種類があると考えられる。ヒトも含めた系統発生的位置および生活史の異なる複数種において表象操作能力を比較検討することにより，ヒトが持つ思考能力の進化的起源を明らかにすることができると考えられる。

本書では，課題解決を開始する前や課題の遂行途中に，当該の課題にたいする解決方略を内的に思い描くという，予見的な表象操作の過程に着目する。こうした表象操作の中でも重要と思われる内的過程が，プランニング（計画立案）である。プランニングとは，自分自身の将来における行動について，組織化された方策を事前に立案する内的過程のことをさしている（たとえば Friedman, 1987; Hoc, 1988; Rensch, 1973）。プランニングは，行為の目標についての記憶や行為の結果に関するモニタリングといった，高度な認知能力を含む心的過程としてとらえられる。そして，プランニングの内容に基づいて行動的に出力をしたものが，問題解決にあたると考えて良いだろう。プランニングは，われわれの活動の多くをみちびく基礎となっている，日常的にきわめて重要な内的過程であり，ヒトでは大人（たとえば Sober and Sabes, 2005; Trommershäuser et al., 2006）および乳幼児（たとえば Bauer et al., 1999; Claxton et al., 2003; Cox and Smitsman, 2006a, b; Friedman et al., 1987; Friedman and Scholnick, 1997; McCarty et al., 1999）の両方で，行動の正確さや効率を高めるのに役立つものと考えられている。

　古典的には，プランニングは人工知能学の分野で盛んに研究されてきた（Littman et al., 1998）。近年では，神経心理学的な立場からヒトのプランニングや問題解決が研究されている（虫明，2001; Unterrainer and Owen, 2006）。ヒトにおいては，前頭前野皮質がプランニングに重要な役割を果たしていると考えられている。たとえば Shallice（1982）は，前頭前野に障害のある患者に，「ロンドン塔課題」のような認知課題を課した。ロンドン塔課題とは，3色のビーズ玉各1個が，3本の棒のうち左端の棒に積み重ねて刺してある状態から，右端の棒に決まった順序で積み重ねた状態にまで移動させるのを，最小の移動回数で行うというものである。参加者は，最初の位置からそれぞれのビーズをどのような順序でどう動かして目標状態に持っていくかをプランニングする必要がある。Shallice（1982）は，脳損傷のある患者では，こうした課題の遂行能力に著しい障害があることを見出した。

　また，より近年の脳機能画像研究から，背外側前頭前野皮質と呼ばれる脳領域が，ヒトのプランニングにおいてとくに重要な役割を果たしていることが示唆されている。背外側前頭前野には多くの脳領域から情報が入力され，運動関連皮質，前部帯状回，後部頭頂皮質，小脳など，大脳新皮質および皮質下の複

数の脳領域との密接な相互作用によって情報の変換および統合が行われ，プランニングが実現されていることが示唆されている（虫明，2001; Unterrainer and Owen, 2006）。たとえば，van del Heuvel et al.（2003）は，ロンドン塔課題をヒトの成人が行っているときの脳活動を，非侵襲的に脳血流動態を画像化する装置である機能的核磁気共鳴画像法（fMRI）を使って計測した。その結果，ビーズの移動のさせ方をプランニングしている条件では，単にビーズの数を数えているだけの条件にくらべて，背外側前頭前野皮質や，大脳基底核の一部である尾状核で，大きな脳活動が見られた。また，これらの脳領域の活動は，課題の難度が上がるほど大きくなっていた。van del Heuvel et al.（2003）は，大脳新皮質と皮質下の脳領域の間の神経ネットワークが，このような認知課題でのヒト成人のプランニングで重要な役割を果たしていると論じている。

1-3 ヒト以外の動物は計画能力を持つか

　こうしたプランニングの能力がヒト以外の動物にも備わっているかについて，ごく近年までは否定的な議論が主流であった（たとえば，Roberts, 2002）。ヒト以外の霊長類が将来における事象を予期して行動していることを示唆する例は，比較的古くから知られていた。たとえば Lawick-Goodall（1971）は，ゴンベ国立公園のチンパンジーが，穴の中のシロアリを釣るための準備として，葉から葉脈をちぎり取ることで細い棒を作成する様子を観察した。Boesch and Boesch（1984）は，チンパンジーが石のない場所で得られた堅果を割るための道具として，遠く離れた場所から石を運んでくることを報告した。また Savage-Rumbaugh et al.（1986）によると，カンジと名づけられたボノボ（*Pan paniscus*）は，林の中に設置された種々の食物の置き場所を学習したあとで，特定の食物の絵を選択して，ヒトをその食物の置き場所まで連れて行った。しかしながらこれらは，逸話的な観察事例の報告であることから，将来を予期するといってもきわめて限定されたものにすぎないとみなされ，プランニング能力を示す積極的な証拠とは捉えられてこなかった（Roberts, 2002）。

　加えて，将来の事象に対するプランニングと，みずからの過去のことについ

ての記憶,すなわち「エピソード記憶」とを,ともに未来や過去を心内で思い描く「心的時間旅行」と呼ばれる共通したメカニズムに基づく過程ととらえた上で,この能力はヒトだけに特有のものであるとする主張がなされてきた(Suddendorf and Corballis, 1997, 2007; Tulving, 2005)。すなわち,ヒト以外の動物は今現在という時間だけに縛られており,将来の出来事を予期して表象したり,過去についての自伝的な記憶を持ったりすることはできないというのである。また Suddendorf and Corballis (1997) は,Köhler (1925), Bischof (1978, 1985), Bischof-Köhler (1985) らの考えに基づいて,「ビショフ―ケーラー仮説」を提示した。ビショフ―ケーラー仮説は次のように主張している。「ヒト以外の動物は,将来における必要や欲求状態を予期することができず,ゆえに動物は現在の動機づけ状態によって定義された今という時間に縛られている(Suddendorf and Corballis, 1997, p. 150)」。つまり,われわれヒトは将来において生じる必要のためにプランニングをすることができるが,動物は今現在経験している必要や欲求を満たすことしか予期できない,というのがビショフ―ケーラー仮説の主張である。

しかしながら,将来の事象に対するプランニングは,ヒトだけでなくヒト以外の動物種にとっても,生息環境に適応する上で重要な役割を果たす,有益な能力であると思われる。すなわち,動物は日常生活において,餌場までの経路の選択や捕食者からの回避といった,複数の行動を時空間的に統合した解決が必要な種々の状況に直面する。これらの多くの場面で,プランニングはみずからが将来に取るべき行動についての適切で効率的な意思決定を促進すると考えられるのである。そこで次に,ヒト以外の動物におけるプランニング能力について,これまでに得られている知見を概観したい。

1-4 動物の計画能力の実験的研究

近年,ヒト以外の種々の動物種において,統制されたさまざまな実験場面でプランニング能力の検討がなされている。プランニングについて肯定的な証拠も多くえられており,それらはビショフ―ケーラー仮説の主張に疑問を投げか

けている（たとえばRoberts, 2002; Suddendorf, 2006）。現在までのところ，脊椎動物におけるプランニング能力の研究は，主として霊長類と一部の鳥類を対象として行われてきた。もちろん，生物界全体を見ると，プランニング能力を持っている可能性があるのは，必ずしも脊椎動物だけに限定されるとは限らない（コラム1参照）。しかしながら，ヒトのプランニング能力の進化を考察するうえでは，ヒトも属する脊椎動物門の中で，系統位置や生活史の異なる種を比較することが重要だと思われる。霊長類と鳥類は，約3億年前に共通祖先である原始爬虫類から分岐したと考えられており，系統発生学的に遠く離れているといえる。それだけでなく，脳の構造についても，霊長類は大型化した大脳新皮質が特徴であるのに対して，鳥類は大脳新皮質を持っていないなど，互いに大きく異なっている（Streidter, 2005）。もし，これらの違いにも関わらず，これらの系統間で共通したプランニング能力が見られるとすれば，認知能力の収斂進化をもたらした生態学的要因が存在することが考えられるだろう。それぞれの種が生息する物理的，社会的環境の要因を整理していくことで，プランニング能力の進化に影響を及ぼした選択圧を知り，系統発生と生活史の相互作用の観点からその進化史を構築できると考えられる。次節では，霊長類と鳥類を対象としてこれまでに行われてきた研究について，実験課題ごとに分けて紹介する。

　なお，動物のプランニングを検討する際には，反応—結果事象の過去経験に基づいて形成された，場面に応じた反応選択，すなわちオペラント学習と，本書で定義した意味でのプランニングとを識別する行動的な基準が必要になると考えられる。ある場面である型の反応を行うことが好ましい結果事象につながったという，経験をもとに形成されたオペラント反応については，次回同じ場面で反応を選択する時点において，動物は必ずしもプランニングをするとは限らない。当該の行動を，単純なオペラント反応ではなくプランニングに基づくものとみなすには，当該の行動がはじめて行う新奇なもので，複数の反応の系列からなっていること，あるいは，現在ではなく将来の動物の欲求状態に基づくものであること，の少なくとも一方が満たされていることが必要であろう（宮田・藤田，2011a）。これらそれぞれの基準を満たすとみなせる，動物のプランニングに関する実験研究からの知見を以下に述べる。

コラム 1　思考は脊椎動物だけのものか？

　本書では主に鳥類と霊長類を対象に，その思考あるいはプランニング能力を論じているが，プランニングの可能性を示唆する報告は，必ずしもそれらに限定されているわけではない。たとえば *Portia* 属のハエトリグモは，網を張っている他種のクモを捕食することが知られている（Wilcox and Jackson, 2002）。*Portia* は，昆虫がクモの巣にかかった時の動きをまねたり，風が吹いて獲物の侵入者検知能力が鈍った時を利用したりすることで獲物に近づき，襲いかかる。また獲物が攻撃的である場合には，いったん獲物の巣から離れて長い回り道をし，その後少しずつ忍び寄って一気に襲いかかる，といった行動戦略が観察されている。こうした *Portia* を対象とした実験研究から，優れた回り道行動のさまざまな側面が明らかになってきた。たとえば *Portia* は，獲物である他種のクモの死骸につながる経路が複数ある状況で，あらかじめ手前の色々な地点から

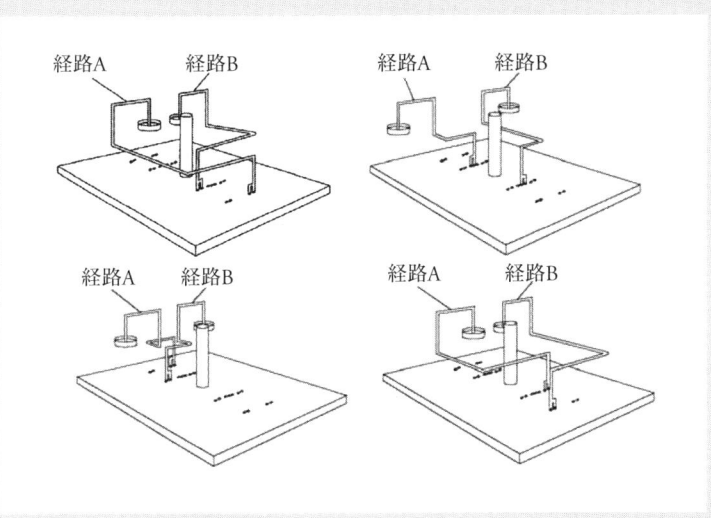

図　Tarsitano and Jackson (1997) が *Portia* 属のハエトリグモに課した種々の回り道課題の例。*Portia* は中央の円柱形のプラットフォームに置かれ，経路Aまたは経路Bの先端に疑似餌が置かれた。*Portia* は，餌と反対方向に伸びた腕を選択する回り道をも正しく取ることができた。

それらの経路を視覚的に確認したうえで，正しく道がつながっているものを選択することができる (Tarsitano and Andrew, 1999)。また，獲物の場所に正しくつながっているがいったん獲物の反対方向に移動する必要のある経路 (Tarsitano and Jackson, 1994) や，獲物がいったん見えなくなる経路 (Tarsitano and Jackson, 1997) も取ることができる。こうした *Portia* の能力は，他の属のハエトリグモと比較しても卓越したものであるという (Tarsitano and Jackson, 1992)。Wilcox and Jackson (2002) は，*Portia* にみられる柔軟な行動は「計画された迂回行動」と呼びうるもので，表象や心的地図および長期的な記憶を介した高度な問題解決行動である可能性があり，思考にきわめて近いものかもしれないと論じている。

こうした能力が節足動物と脊椎動物との共通祖先の時代に遡るものか，それらが分岐した後で全く別の筋道を取って進化したのか，速断は難しいだろう。ただこのような知見は，高度な思考や計画能力が必ずしも脊椎動物に限定されるわけではなく，これまで想定されてきた以上に広範囲の生物に共有されている可能性を示唆しているのではないだろうか。

1) 動物のプランニング (1)：現在の欲求を満たすもの

プランニングは複数の異なる水準に分けられると考えられるが，動物を対象とした研究での証拠を検討するうえでは，現在，および将来の必要を満たすプランニングを区分することが重要である。空腹を満たすなど，現在の必要のために系列的で複雑な課題を解決することは，多くの種が野生下で必要とする能力であろう。ゆえに，現在の必要を満たすプランニングは，系統的に多様な種で見られることが期待される。一方，将来の必要を満たすプランニングは，数時間から数日以上といった長い時間単位における柔軟な行動制御を可能にするものであり，その実現には，みずからの過去や未来について思い描く「心的時間旅行」や，優れた自己コントロール能力といった心的過程が必要になると考えられる (Osvath and Osvath, 2008)。将来の必要を満たすプランニングが動物種で見られれば，ヒトとも共通する高度な心的システムが種間で共有されていることが示唆されるだろう。

動物の現在の欲求を満たすためのプランニングを検討した研究の例として

は，系列学習やナビゲーション（迷路）など，系列的で複雑な操作を要求する実験課題を使ったものが挙げられる．

系列学習課題

　系列学習とは，図形や文字など，複数の一連の項目を順序立てて覚えていくことをさす．こうした課題を行う際の短期的なプランニングについて，複数の霊長類種で行動実験による検討がされている．たとえば京都大学霊長類研究所で飼育されているチンパンジーのアイは，コンピュータのタッチモニター上に呈示された0から9までのアラビア数字に，小さいものから順に指で触れていくことができる（Biro and Matsuzawa, 1999）．この課題におけるアイの画面への反応時間は，第1反応だけが長く，それに続く反応の時間は一様に短い．このことは，アイが課題解決を開始する前に，一連の系列的反応の順序をプランニングしている可能性を示唆している．このコンピュータ画面上での数字の順序づけ課題を応用した別の実験として，Biro and Matsuzawa（1999）は「スワップ課題」（数字入れ替え課題）と呼ばれるテストを行った（図1-4）．アイはまず，3個の数字を，1→4→9のように，小さいものから大きいものへと順に触っていくように訓練を受けた．それができるようになった後のテスト試行では，2番目と3番目の数字の場所が，1番目の数字を選択した直後に入れ替えられた．当然，触る数字の順序を入れ替えなければならない．このようなスワップ試行では，数字が入れ替わった直後に，2番目の数字がそれまで置かれていた場所を誤って触ってしまう反応がしばしば見られた．また，正しく反応を修正した試行もあったが，そのような場合には，他の試行にくらべて，第2反応に長い時間がかかっていた．このことは，アイが最初の数字を選択する前に，正しい反応の系列を内的に形成し，行動をプランニングしていたことを示唆している．

　さらにKawai and Matsuzawa（2000）は，反応する数字の数をさまざまに変えて課題を訓練し，1番目の数字に触れると残りの数字がすべて消えて四角形に置き換わるようにした（図1-5）．このような「マスク試行」では，それぞれの項目の空間的位置についての記憶された表象に基づいて反応する必要がある．数字の数が5個程度までは，アイの遂行成績は高い水準でほとんど一定しており，反応に要した時間も変わらなかった．アイの息子のアユムでは，同様の結

果が数字8個で得られた（Inoue and Matsuzawa, 2007）。これらは，チンパンジーが課題遂行を開始する前に5手先程度まで，あるいはそれ以上の反応系列をプランニングし，しかもその系列を短期記憶内に保持しておけることを示唆している。

　Beran et al. (2004) は，同様の系列課題を使って，旧世界ザルのアカゲザル（*Macaca mulatta*）におけるプランニング能力を検討した。アカゲザルは，タッチモニターではなくジョイスティック（レバーで方向入力を行うコントローラー）を使って反応した。Biro and Matsuzawa (1999) と同様のスワップ試行における正答率は，系列の項目が入れ替わらなかった統制試行よりも低く，チンパンジーと同様に先の1反応をプランニングしていることが示唆された。一方，Kawai and Matsuzawa (2000) と同様のマスク試行では，マスクされた刺激項目のうち，次の1つの項目（2番目の項目）のみで，ランダムに反応した場合にくらべて正答率が高かった。このことは，アカゲザルはせいぜい現在の次の1反応だけをプランニングしていることを示唆している。Scarf et al. (2011) は，タッチモニターを使ってアカゲザルに同様の系列課題

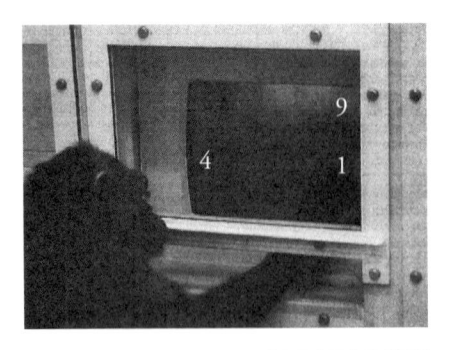

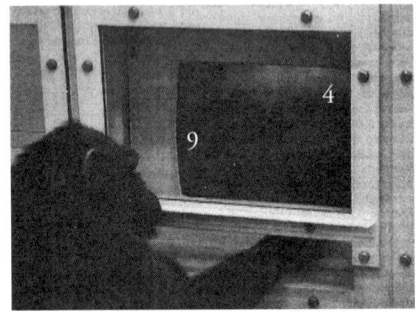

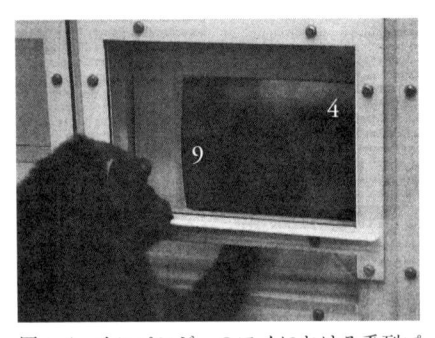

図1-4　チンパンジーのアイにおける系列プランニングをテストするために用いられた，数字の順序づけ課題（Biro and Matsuzawa, 1999）。図はテスト試行の例で，1番目の数字を触った直後に，2番目と3番目の数字の位置が入れ替わった。

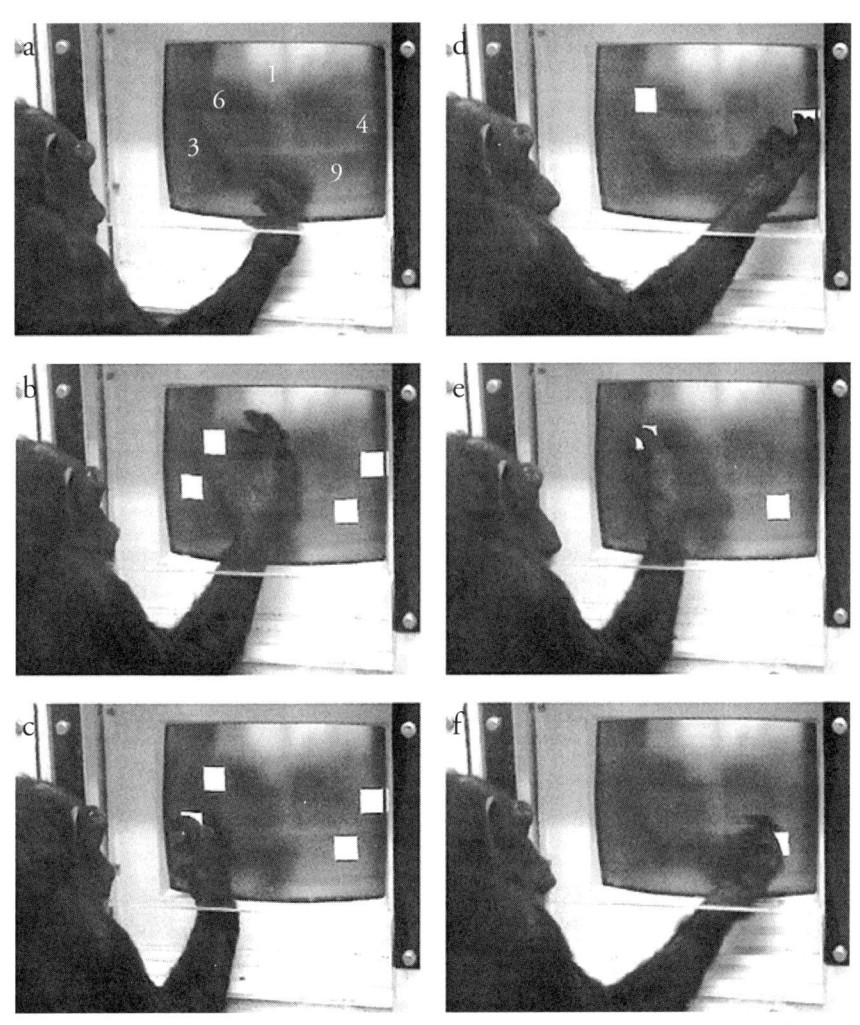

図1-5 Kawai and Matsuzawa (2000) がチンパンジーのアイに課した数字系列の記憶課題。コンピュータ画面上に5個の数字が呈示され (a)，最小の数字を選択した際に残りのすべてがマスクされる (b)。その後アイは，各数字が置かれていた場所に，数字の上昇系列順に正しく反応している (c-f)。

をテストした。1番目の項目の選択直後に3番目と4番目の項目が入れ替わった試行でも，少なくとも1個体のアカゲザルが3番目の項目への誤反応を示した。これは，先の2手をプランニングしていた個体もいたことを示唆している。

ナビゲーション（迷路）課題

動物のナビゲーション，すなわち空間移動行動については，動物が空間内を移動する際にどのようなメカニズムによって目標地点やそれにいたる経路を定めるか，という文脈で多くの研究が行われている。ここでは，コンピュータの画面上での仮想的な場面でナビゲーションを行ったり，迷路を解いたりする際に，動物が次に取る行動をいかにプランニングしているかについての実験研究を取り上げる。Iversen and Matsuzawa (2001) は，チンパンジーのアイとペンデーサに，コンピュータのタッチモニター上で小円（"ボール"）を指で触って動かし，種々の迷路課題を解くことを訓練した。Iversen and Matsuzawa (2003) は，これらのチンパンジーに，モニター上を動く標的刺激をボールによってつかまえるという，「標的インターセプト課題」を学習させた。チンパンジーは，次第に効率的な方略を使って，短い時間で課題を解くようになった。指を動かした軌道を分析した結果から，チンパンジーは，標的が運動を開始する前から標的の運動のしかたを予見し，みずからの行動を制御している可能性があることが示された。これは，チンパンジーが標的刺激の運動に対応するみずからの行動をプランニングしていたという見方と矛盾しないと思われる。

Fragaszy et al. (2003) は，フサオマキザルおよびチンパンジーを対象に，コンピュータを用いた迷路課題の遂行を検討した。これらの動物は，ジョイスティックを手指で操作することで，コンピュータ画面上に現れた種々の迷路課題（図1-6）を解いた。両種とも，経路の分岐点が最大5箇所設けられた迷路を解くことができた。2種を比較すると，チンパンジーにくらべてフサオマキザルのほうが，経路が分岐する点で誤った反応をした回数が多く，課題を遂行する効率性に種差がある可能性が示唆された。しかしながら，これら両種はともに，いったん目標から遠ざかる回り道の経路をとる，誤った経路を選択した後で経路を正しく修正するといった，柔軟な課題解決の方略を示した。Fragaszy et al. (2003) は，これらの動物が課題を解く際に取るべき経路をプランニングし，それによって分岐点における適切な経路選択を実現していると論じている（Fragaszy et al., 2009 も参照）。

神経生理学的な研究でも，ヒト以外の霊長類種におけるプランニング能力の証拠が示されてきている。Mushiake et al. (2006) は，ニホンザル（*Macaca fuscata*）

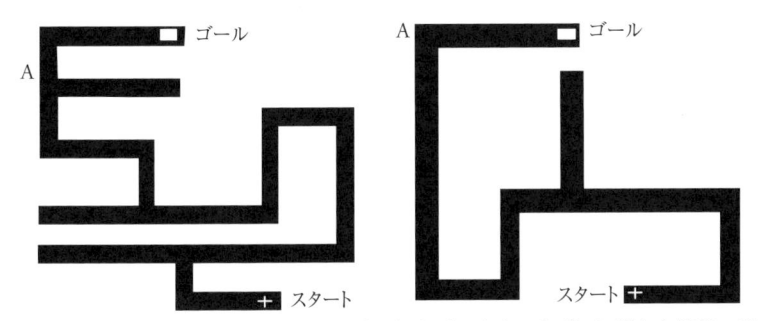

図1-6　Fragaszy et al. (2003) がチンパンジーおよびフサオマキザルに課した迷路の例。

2個体に，コンピュータ画面上に呈示されたカーソルを目標まで到達させる迷路課題を訓練した。ニホンザルは，左右の手の内側（回内）と外側（回外）への回転運動によってカーソルを操作し，カーソルを3回動かすことで目標に到達できた（図1-7 (a)）。その結果，1回目，2回目，3回目のカーソルの動きにそれぞれ同期して発火するニューロンが，外側前頭前野皮質から見つかった。これらのニューロンは，課題解決を開始する前の準備期間中にも，同時に発火していた（図1-7 (b)）。また，1～3回目それぞれの動きに対応するニューロンは，上，下，左，右それぞれの移動の向きによって分けられることも示唆された。これらの結果は，ニホンザルが課題解決を開始する前に，少なくとも3回のカーソルの動きを，それぞれの運動の向きも含めて，少なくとも神経回路上ではプランニングしていたことを示唆している（Mushiake et al., 2001; Shima et al., 2007 も参照）。

問題箱

　Dunbar et al. (2005) は，ヒト3～7歳児，オランウータン（*Pongo pygmaeus*），チンパンジーにおけるプランニング能力を，問題箱を用いて検討した。かれらは，開けるために必要な操作の数が1～数回の数種類の問題箱（図1-8）を用いて，箱が事前に一定時間呈示されていた条件と，事前呈示がない条件の間で，動物および子どもが箱を開けるまでに要した時間を比較した。オランウータンとチンパンジーでは，問題箱を事前に飼育ケージの外に24時間または48時間置き，ヒト幼児では，20分間の事前呈示中に箱の絵を描くことを教示した。

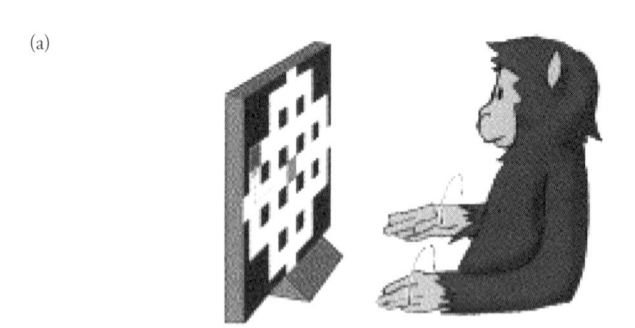

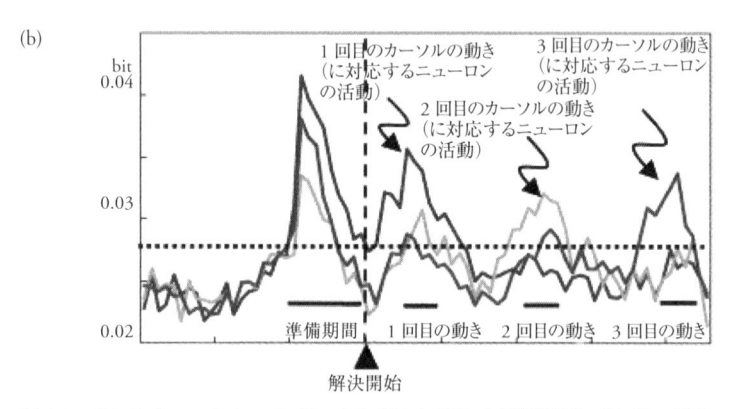

図1-7 Mushiake et al. (2006) がニホンザルに課した迷路課題。(a) 手の動きによってカーソルを目標まで3回動かす迷路課題の実験状況。(b) 第1手，第2手，第3手に対応する前頭前野のニューロン活動。課題遂行開始前の準備期間中にもすべてのニューロンが発火している。

その結果，ヒトの子どもにおいては，箱が事前呈示された条件で，事前呈示がない条件にくらべて箱を開けるまでの時間が短かった。このことは，少なくともこれらの年齢のヒトの子どもが，課題解決を開始する前に，解決の方略をプランニングしていた可能性を示唆している。なお Dunbar et al. (2005) は，「心的リハーサル」という用語で，問題箱の解決方略を内的に思い描く過程を説明しているが，これは一連の行為を開始する前になされるプランニングに相当するととらえられるだろう（Dunbar, 2000 も参照）。この実験では，ヒト以外の種での結果は肯定的でなかったため，動物のプランニングの積極的な証拠とは捉えがたいと思われる。ただ，教示や訓練をせず，ただ課題を事前に見せておく

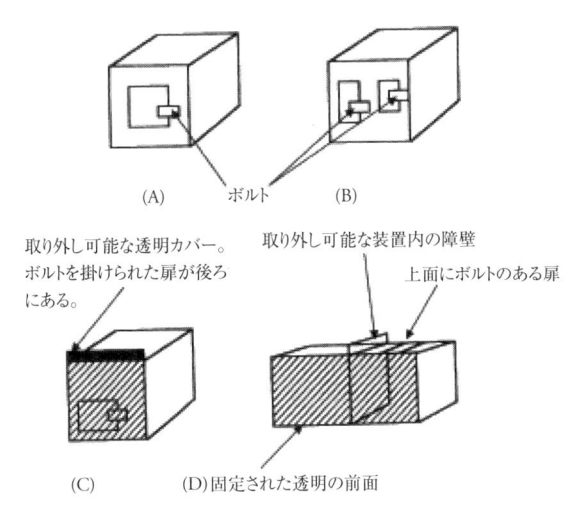

図 1-8 Dunbar et al. (2005) が用いた問題箱。箱を開けるために必要な操作数がそれぞれ異なる。

だけで，その後の遂行成績が変わることは，課題を工夫することでさまざまな種で証明できる見込みがある。

道具使用

複雑な操作系列を含む道具使用については，因果関係の認識に加えて，プランニングが含まれている可能性がある。上述のように，Köhler (1925) の古典的実験では，台を重ね，棒を使って高所のバナナを取るチンパンジーの行動が，当該の状況における情報を一気に統合して解決にいたる，洞察によるものとして理解された。この実験において重要な点は，行為者のチンパンジーが，一連のいくつかの操作を適切な順序で行うことで，目標を達成したことである。したがって，上述のプランニングの定義に照らしてチンパンジーの行動をとらえ直してみると，こうした複雑な行動は，複数の動作を適切な系列で順序づけるという，短期的なプランニングを含んでいる可能性があると考えられる。

またニューカレドニアガラスでは，道具を使って食物を得ることに失敗した後で，道具の形状をみずから適切に調整することで，食物を得るといった行動が知られている (Weir et al., 2002; Weir and Kacelnik, 2007)。これは，カラスが問

題の性質についての心的表象を形成し，解決の方策を予期していることを示唆するものかもしれない。こうしたカラスの道具使用行動は，ただちにプランニングを含むものとは断定できないが，道具の操作系列をさらに複雑にして，体系的にテストを行うことで，より強い短期的プランニングの証拠が得られる可能性が高いだろう。

2) 動物のプランニング (2)：将来の欲求を満たすもの

現在の欲求状態とは独立に，将来の必要を満たすためにプランニングする能力についても，霊長類に加えて一部の鳥類において，道具使用や貯食といった場面での知見が集まりつつある。秒単位や分単位といった，比較的短い時間スケールだけでなく，より長い時間スケールでのプランニング能力を検討しているのが，これらの研究の特徴といえる。

食物選択

将来の利益のために現在の欲求を抑制する動物の能力という観点では，2種類の食物から選択をする実験場面での行動が知られている。McKenzie et al. (2004) は，リスザルにおいて，2個のピーナッツと4個のピーナッツのうち2個のほうを選択した場合に，15分後にさらに8個のピーナッツをもらえるという場面における選択行動をテストした。リスザルは，2個のピーナッツのほうを適切に選択できた。このことは，リスザルが将来に多くの食物を得ることを予期して，現在の食物に対する欲求を抑制したことを示唆している。同様の食物選択場面を用いて，Naqshbandi and Roberts (2006) はリスザルとラットにおける予期能力を検討した。量の少ないほうの食物を選択することで，動物は量の多い方の食物を選択した場合よりも短い時間で，給水ビンを返してもらうことができた。その結果，少なくともリスザルは，テストにおいて量の多いほうの食物を好む傾向を逆転させることができた。このことは，リスザルが将来における喉の渇きを予期したうえで，食物選択の際に量の少ない方を選んだことを示唆している。これらの知見は，リスザルが必ずしも現在の欲求状態に縛られた「朝三暮四」の戦略をとるとは限らないことを示しており，ビショフ―ケーラー仮説に異を唱えるものである。ただし，こうした繰り返し同じ場

面にさらされる課題で徐々に適応的な行動が獲得されても，特定の行動系列が経験によって学習されただけである可能性も排除できないため，それがただちに思考であると結論づけることは難しいだろう．

道具使用

近年では，現在の必要だけでなく将来の欲求を満たすための道具使用行動が，複数の動物種で知られてきている．たとえば Mulcahy and Call (2006) は，ボノボとオランウータンが，将来使う予定の道具を，適切に選択し，持ち帰って保持するという証拠を示した．図1-9のように，鍵形など数種類の道具を使って食物を取る訓練を受けた動物が，1) テスト室で適切な道具を正しく選択し，2) 隣の部屋にその道具を運び出して待機した．1時間後，動物は3) 道具を再びテスト室に運び込み，4) 道具を使用して食物を手に入れた．さらに，道具を運び出してから使用するまでの待機時間が14時間に延びても，正しい持ち帰り行動が生じた．実験装置が見えない状況下でも，正しい道具の選択が見られた．これらは，動物が，今お腹がすいているかどうかという，現在におけるみずからの欲求状態とは独立に，現在から時間的に離れた将来における道具使用行動をプランニングしていたことを示唆している．この実験では，訓練の量が最小限であったため，学習の影響はないと考えられ，また道具使用ではない統制実験では道具の持ち帰り行動はほとんど生じなかった．これらは，試行錯誤のような単純なメカニズムで道具の持ち帰り行動が生じた，という解釈に対する反論になるものだと考えられる．

類似した道具の選択課題を用いて，Osvath and Osvath (2008) はチンパンジーとオランウータンが，将来使う道具を別の場所で正しく選択，貯蔵することを示した．動物は，まず道具選択部屋において，4種類の道具の中から適切なホースを選択した．70分後，動物は別の道具使用部屋において，非常に好きな飲料である果実スープが入った箱の穴にホースを挿入し，スープを吸い取ることができた．これらの動物は，道具選択のときの選択肢の中に，すぐ手に入る食物である果物が含まれていた際にも，果物を選ばずに，後に必要となる道具であるホースを選択することができた．すなわち，動物は現在の動機づけ状態に打ち勝って，将来の出来事を心的に「前体験」し，将来の必要のためにプラン

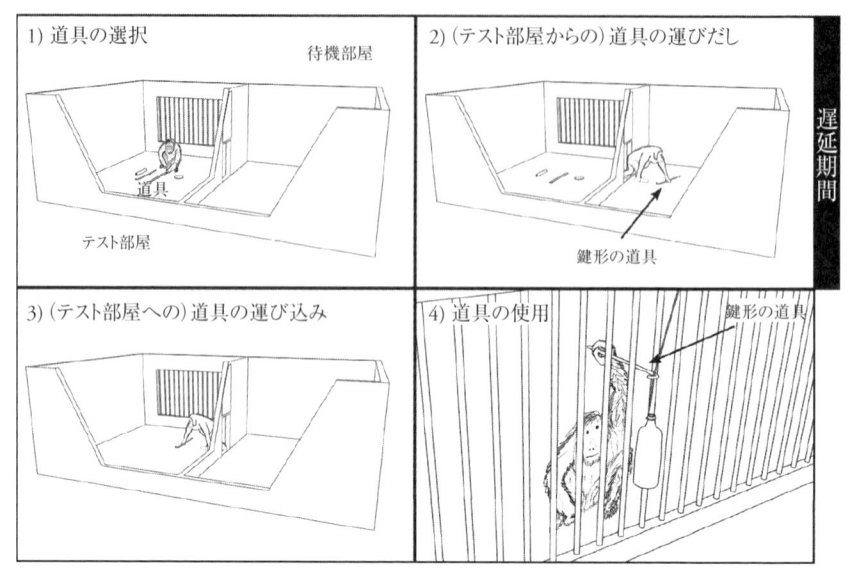

図 1-9　Mulcahy and Call (2006) による道具の貯蔵実験。動物は，1 時間後または 14 時間後に必要になる道具を，適切に選択して貯蔵した。

ニングをした可能性があると考えられる。

貯食

　鳥類においては，カラス科の種において，将来の必要を満たすためのプランニングを示唆する報告が近年出てきている。カケスのような一部のトリは，手に入れた食物をすぐに食べずに隠しておくという，貯食行動をすることが知られている。このような行動には，食物を将来食べることについての計画が含まれているのだろうか。Emery and Clayton (2001) はアメリカカケス (*Aphelocoma coerulescens*) (図 1-10) の貯食の習性を利用して，この種におけるプランニング能力を検討した。他の個体が貯食した食物を盗むことをみずから経験した実験個体のカケスは，いったん貯食行動をしたあとで，最初とは異なる新たな場所に食物を再貯食するという行動を示した。このような再貯食は，はじめの貯食行動を同種の他個体に観察されていた場合にだけ見られた。つまり，これらのカケスは，自分が貯食した食物が他個体に盗まれてしまう危険性を最小限に抑え

るために，貯食の戦略を柔軟に調整したと考えられる。将来自分が食物を確実に食べるということについて，カケスが何らかの予期をしている可能性を示唆するデータだと思われる。

　Raby et al. (2007) は，アメリカカケスが，翌日の空腹状態という，現在の動機づけ状態と異なる将来の必要のために，貯食行動を調整することを示した（図1-11）。第1実験では，2つの区画（区画A, C）に貯食用のトレイが置いてあり，毎朝別々の区画に交互に食物を与えた。テストでは，夕方に食物を与え，カケスの貯食行動を観察した。カケスは，翌朝に食物がもらえない方の区画に食物を貯食する傾向を示した。第2実験では，2種類の異なる食物を用意して，毎朝異なる食物を交互に与えた。テストでは，夕方に2種類の食物を与えて，貯食行動を観察した。カケスは，2種類の食物のうち，翌朝にもらえないほうの種類の食物を選んで貯食する傾向を示した。これらから，Raby et al. (2007) は，アメリカカケスが自発的に「明日の朝ごはんを計画する」能力を持っていると論じている。

　さらにCorreia et al. (2007) は，アメリカカケスの貯食行動における現在と将来の動機づけ状態を峻別するための実験を行った（図1-12）。2種類の食物のどちらか一方を与えられた後で，両方の食物を提示すると，カケスはそれまで食べていなかった方の食物をより多く食べた。このような食物の好みを踏まえて，カケスに2種類の食物のどちらかを貯食させ，食物を貯食する際と，それを取り出す際，それぞれの直前にどちらかの食物を与えた。貯食する直前と取り出す直前に，同じ食物を与えられた群のカケス（図1-12 "「同じ食物」群"）は，それと異なる方の食物を貯食し続けた。一方，貯食する直前と取り出す直前とで，異なる食物を与えられた群のカケス（図1-12 "「異なる食物」群"）は，貯食する直前に与えられたものと同じほうの食物を，高い割合で貯食するようになった。このことは，カケスが食物を取り出す際に直前に与えられたものと異なる種類の食物を食べられるように，貯食の際に現在の動機づけ状態と異なる食物を選んで隠した可能性を示唆している。これら一連の報告は，アメリカカケスが現在の必要と独立に，将来の計画をする能力を持っている可能性を示唆していると思われる（Clayton et al., 2003; Emery and Clayton, 2004 も参照）。

図 1-10 貯食の習性を持つアメリカカケス (Shettleworth, 2007)。

図 1-11 「朝ごはん計画」実験 (Raby et al., 2007) の区画配置。貯食用トレイの位置を区画 A, C, 給餌容器を区画 B に示している。

1-5 本書の研究と構成

　上述のように，ヒト以外の霊長類に加えて鳥類も，現在だけでなく将来の必要を満たすためのプランニングをするという示唆が得られてきている。しかし鳥類での証拠の多くは，貯食や道具使用といった，おそらく種特異的と思われる限られた行動を研究対象として，限定された実験状況下だけで観察されたものである。そのためこれらの行動は，自然選択によって形成された，洗練された適応的特殊化の産物である可能性がある。つまり，カケスの貯食のように，特定の種に特化したものと思われる行動だけを対象としていては，そこで高度

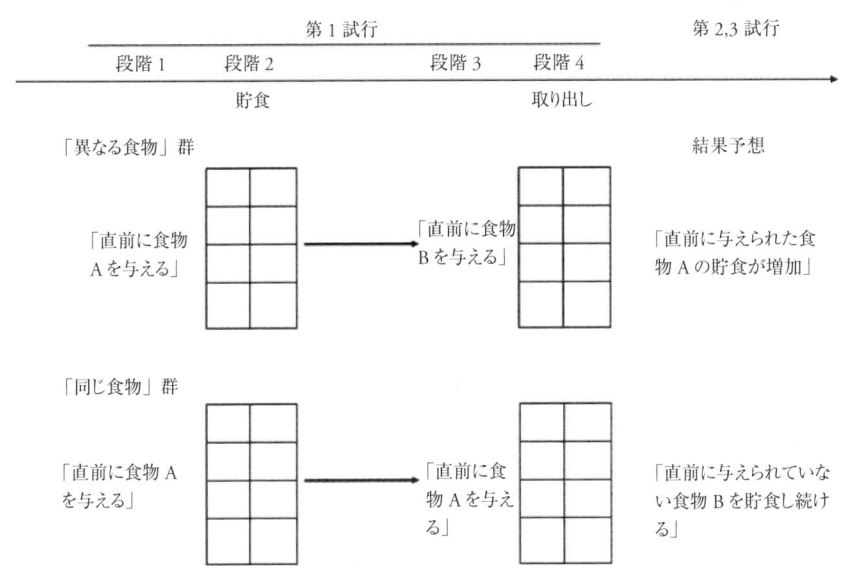

図 1-12 Correia et al.(2007) の実験デザインと結果予測。A,B はそれぞれ異なる種類の食物を示す。もしカケスが現在と将来の動機づけ状態を区別していれば、「異なる食物」群では、直前に与えられたもの（本図では食物 A）と同じ食物を貯食するようになると予想される。取り出しの際に、食物 A の価値が高くなるため。

な認知能力が見られたとしても，系統位置や生態が異なる多くの種に同じことが当てはまるわけではなく，一般性が保証されるとはいい難い。ある種だけに特有の行動ではなく，できるだけ多様な種に広く適用できる行動を対象として，一般的な実験状況でプランニング能力を検討する必要があると考えられる。現在のところ，一般的な学習課題で鳥類のプランニングを示した研究はきわめて少ない。同一の実験課題で，系統や生態の異なる複数種を直接比較し，種間で類似した結果が得られれば，種間に共通したプランニングに対する選択圧の存在が示唆されるだろう。また，鳥類のプランニング能力の可能性は，上述のようにアメリカカケスやニューカレドニアガラスといった種で示唆されているが，ヒトを含めた霊長類とくらべると，知見の蓄積はいまだはるかに少ない。より多様な種を対象とした研究を行い，現在の必要を満たすプランニングも含めて，実証的な知見を蓄積することが必要だと思われる。そうした広範な種で

の比較研究を通して，プランニング能力の進化史に影響をおよぼした系統発生学的および生態学的要因を特定することが可能になるだろう。

　以上を踏まえて，本書の研究ではまず，鳥類のハトにおけるプランニング能力に着目する。種特異的な学習に依存しない一般的な学習課題で，かつ系統的に多様な種を同一の手法で直接的に比較することができる課題として，コンピュータ画面上でのナビゲーション（空間移動）課題および迷路課題を用いる。第2章では，コンピュータ画面上でのナビゲーション行動という研究手法を確立するとともに，それを使ってハトが課題を解き始める前に解決方略をプランニングするかを検討する。次に第3章では，第2章と同じハトを引き続き対象として，新たな十字形迷路とその変形版を課すことで，ハトが課題の遂行途中および遂行開始前に先の1～数手を先読み（短期的プランニング）しているか検討する。続いて第4章では，ハトが先の1～数手のような短期的な方略だけでなく，より長期的な解決方略をも用いているか検討するため，コンピュータ画面上で複数の目標を順に訪れる，巡回セールスマン課題での経路選択を検討する。さらに第5章では，鳥類におけるプランニング能力のより多様な種比較という見地から，ニュージーランドに生息するオウムの1種であるキーア（ミヤマオウム）のプランニング能力を，鍵開け課題（人工果実課題）によって検討する。また第6章では，ハトに用いたものと同様の迷路課題を，ヒト3～4歳児に課し，系統と発達段階がともに大きく異なる2種の間で，課題の遂行成績を比較検討する。最後に第7章では，一連の研究結果を踏まえ，思考能力の進化史について総合的に考察し，今後について展望する。

第2章

回り道：ハトは経路を事前計画するか

2-1 ハトのプランニング能力を研究する方法

　第1章で述べたように，鳥類におけるプランニング能力については，主にカラス科の種において，貯食や道具使用のような，おそらく種特異的であろうと思われる行動を通して示された報告がいくつかあるにすぎない。より多様な種を用いた研究が必要であるとともに，系統的にはなれた複数の種に用いることのできる，一般的な学習課題による研究手法を確立することが必要である。第2章では，鳥類の1種であるハト（*Columba livia*）のプランニング能力を検討するための手法の確立を試みる（Miyata et al., 2006）。ハトにおいては，心的表象操作のような高次な認知能力を検討した研究は少ないが，Martin and Zentall (2005) は，コンピュータ画面上で，2つの刺激から見本と一致するほうを選んでつつかせる課題（見本合わせ課題）を利用した検討を行っている。こうした課題に不正解したあとで，課題の画面を一定時間呈示しておいたところ，訓練を重ねることによる課題の正答率の上昇が早くなった。このことは，ハトが選択後の情報からいわば「復習」をした可能性があることを示唆している。しかしながら，ハトが行動を開始する前に，当該の行動を心的に遂行する能力を持っているかどうかについては検討がなされておらず，それを調べるための研究手法も確立されていない。そこで，ハトにおけるプランニング能力を行動的に検討するための手法として，コンピュータ画面上で迷路課題を解かせるという新たなパラダイムの確立をこころみる。コンピュータ画面上の迷路課題では，つつき反応という鳥類の行動を利用することになるが，これは貯食や道具使用の

ような，限られた種だけに特化した行動というわけではない。より一般的な学習課題だといえるだろう。またコンピュータ画面上の迷路課題は，モニターへの手指の反応などを利用することで鳥類以外の種にも適用できると思われるため，系統的に離れた複数種を直接的に比較する手法としても優れていると考えられる。加えて，コンピュータによって制御された手続きを用いることで，正確な行動データを体系的にえることが可能になるだろう。

　迷路課題は，ヒト以外の動物における学習，記憶，空間認知などの過程を検討するために古くから用いられてきた手法である（たとえば Morris, 1981; Olton, 1977; Tolman et al., 1946）。初期には，主にげっ歯類において，3次元迷路の中に動物を入れて，空間内での場所移動を分析するものが多かった（Washburn and Astur, 2003）。近年では，コンピュータのソフトウェアなど技術の進歩により，タッチパネルやジョイスティックを用いたコンピュータ画面上でのナビゲーションや迷路課題も，ヒト以外の霊長類に用いられるようになってきている（Leighty and Fragasgy, 2003b）。たとえば Iversen and Matsuzawa (2001) は，2個体のチンパンジー（アイとペンデーサ）が，タッチモニター上の円形図形を指で触って誘導する方式でさまざまな迷路課題を解くことを訓練によって学習し，その後訓練の際と異なる新たな迷路を課された際にもそれらを正しく解けたことを報告している。また Leighty and Fragasgy (2003a) はフサオマキザルが，ジョイスティックを操作することで，コンピュータ画面上のカーソルを目標の位置まで運ぶナビゲーション行動を学習できることを示した（その他，以下も参照：Fragaszy et al., 2003; McGonigle et al., 2003; Mushiake et al., 2001; Savage-Rumbaugh, 1986; Washburn, 1992; Washburn and Astur, 2003）。一方，鳥類においては，立体迷路の中に動物を入れて認知過程を調べた研究はあるが（たとえば Prior and Güntürkün, 2001），コンピュータ画面上での迷路課題を課したものはない。ハトにおいては，スキナー以来の学習研究において，20世紀前半から基礎的な行動プロセスに関する知見が蓄積されている（Zeigler and Bischof, 1993）。また，コンピュータ画面をつつかせる行動を用いた課題も，見本合わせ課題を含めてさまざまなものが用いられている。これらの知見を踏まえて，ハトのプランニング能力を研究するための新たな手法として，コンピュータ画面上の迷路課題を考案した。

2-2 コンピュータ画面上の空間移動と回り道

　まず最初に検討しなければならないのが，ハトがコンピュータ画面上の迷路課題を解くことを学習できるかどうかである。この実験パラダイムが確立できれば，それを用いて，ハトが課題の解決方略を事前にプランニングするかどうかが検討可能になる。はじめに予備訓練として，ハトに液晶カラーモニター上の赤色正方形（標的）を青色正方形（目標）まで運ぶという，ナビゲーション（空間移動）課題を学習させた。次に，ハトに種々の回り道（迷路）課題（迷路1～迷路5）を学習させ，ハトがこれらの課題をどのように解くかを検討した。また，ハトが課題を解き始める前に，課題を薄い色で事前呈示する段階を設けた。もしハトが新奇な課題に対して解決方略をプランニングしているなら，それぞれの迷路をはじめて課されたセッションにおいて，事前呈示のない試行よりも事前呈示のある試行のほうが，課題を早く正確に解くことが予想される。

1) 装置とハトの訓練 ── 実験の手続き

　本書で紹介するハトでの実験はすべて，スキナーボックス（またはオペラントボックス）と呼ばれる，縦，横，高さがそれぞれ 35 cm の，自製の実験箱にハトを入れて行った（口絵1上）。行動実験で確立された方法を使って，複雑な行動を順を追って形成していき，調べたい内的な過程をテストするために，心理学で伝統的に使われてきたこのような装置が必要になる。箱の正面の板が四角形にくり抜かれており，そこをさまざまな刺激を呈示する反応窓とした。反応窓の背後には，赤外線ビーム方式のタッチパネルをバンドと両面テープで装着した液晶カラーモニターを設置した。左側面にはグレインホッパー（食物呈示装置）が取り付けられ，ハトが課題を解いた際には，ライトが光り，ホッパーが上がって強化子（行動を習慣形成させるための刺激）として混合飼料が与えられた。刺激の呈示や，ホッパーの制御，反応の検出はすべてパーソナルコンピュータで行い，コンピュータプログラム（Microsoft VisualBasic 6.0）は著者が書いた。

　実験に参加したのは，オスのデンショバト（*Columba livia*）4個体（Caesar,

Issa, Kanta, Lafca) である。実験開始時点で, Caesar は 7 歳, 他の 3 個体は, 2 歳だった。Caesar 以外は, 正式な心理学実験の経験はなかった。実験刺激は, モニター上に呈示されるコンピュータグラフィックス画像である。刺激全体は 1 辺 550 ピクセル (約 16.5 cm) の正方形で, 幅 10 ピクセルの白色の輪郭線を描いて外枠とした。輪郭線の内側に, 標的と目標という 2 種類の正方形を描いた。ともに 1 辺 20 ピクセル (約 5 mm) の大きさである。標的は赤色で, ハトがつつくことで移動でき, 目標は青色で, 試行ごとに決まった位置に描かれる。課題を解いているときに, 直径 8 ピクセルの白色円 (ガイド) が標的の周囲に現れた。標的と目標の間に, 幅 10 ピクセルの白色棒が描かれ, それが壁となって標的の進行を妨害した。白色棒の長さや形は, 訓練の段階ごとに異なっていた。課題の事前呈示として, 課題全体を薄い色に変えたものを用いた。

　液晶モニター上で標的をつつき反応によって目標まで運ぶ, ナビゲーション (空間移動) 課題 (口絵 1 下) を解けるようにハトを訓練した。はじめに, 標的とガイドを順につつく, 反応の連鎖を訓練した。ハトが標的をつつくと, 標的の上下左右のいずれかに, ガイドが 1 つ現れる。ハトがガイドを 1 回つつくと, 課題が消え, グレインホッパーが上がって強化子の穀物飼料が与えられる。強化子を与える時間は個体ごとに異なっており, 個体内でも体重調整のために変えたこともあったが, 1.5〜4 秒の範囲だった。1 度に行う実験のまとまりをセッションと呼び, 1 セッションでは 48 回の試行を続けて行った。通常は, 1 日に 1 セッションを行った。第 1 セッションでは, 標的の中心とガイドの中心の距離は 120 ピクセルとしたが, 訓練が進むにつれて距離を 5〜10 ピクセルずつ短縮し, 最終的に 60 ピクセルとした。

　続いて, 標的の移動方向とガイドとの関係を学習させた。ハトがガイドをつつくとガイドが消え, 標的が, ガイドの呈示されていた向きにアニメーションを描いて移動する。標的は 0.6 秒間で 60 ピクセル移動し, 移動が終了すると, 同じ向きに再びガイドが現れる。第 1 セッションでは, 標的が 1 回移動した時点で強化子の飼料を与えたが, 2〜3 セッションごとに, 標的の移動回数を増やし, 最終的に 3 回の移動後に飼料を与えた。その後のセッションで, 標的を同じ方向に 3 回動かした位置に, 目標を呈示した。

　さらに, 標的を動かす方向を選択することを学習させた。ガイドを目標の向

きと，その反対向きに，計2個呈示した。標的はハトがつついたガイドの向きに動くため，ハトは目標に近づく向きのガイドを選択してつつく必要があった。標的の移動回数が5回以内で目標に到達した割合が，2セッション連続で90％以上となることで，ハトがその課題を十分に学習したとみなした。続くセッションで，標的の上下左右の4ヶ所にガイドを呈示し，ハトが枠の内部で自由に標的を動かせるようにした。課題を学習したとみなす基準は，ガイドが2個の段階と同じとしたが，Issaは19セッション経過した時点で基準を満たさなかったので，移動回数を7回以内とした。

これらの訓練期間を通して，各試行でハトが課題を解き始める前に，課題を薄い色で事前に呈示し，事前呈示中に画面に触れずに待っていることを学習させた。ハトが画面上の白色正方形（セルフスタートキー；1辺20ピクセル）をつつくと，外枠と標的が5～6秒間薄い色で現れ（事前呈示1），次に課題全体が5～6秒間薄い色で現れ（事前呈示2），その後画面が明るくなって，課題を解き始めることができるようになる。事前呈示1，事前呈示2のそれぞれについて，画面につつき反応が入った場合には，タイマーがリセットされ，さらに長く待たなければならないようにした（他行動分化強化）。1試行あたりの最長時間を，事前呈示が終わった時点から60秒間とし，それ以内に解くことができなかった場合には，課題を消し，罰として5秒間の黒色画面の待ち時間（タイムアウト）を与えた。試行が終わってから，次の試行が始まるまでの時間（試行間間隔）は，3秒間とした。

2）迷路（回り道）課題 —— 実験の概要と結果

ナビゲーション課題の訓練のあとで，ハトに種々の迷路（回り道）課題（迷路1〜迷路5；図2-1）を解くことを訓練した。すべてのハトに，迷路1から迷路5をこの順で訓練し，それぞれの迷路をはじめて解くセッションで，事前呈示あり，なしの条件間比較を行った。この手続きにより，「当該の行動がはじめて行う新奇なもので，複数の反応の系列からなっている」というプランニングの基準（宮田・藤田，2011a）を満たすこととなる。これらの課題では，標的の最初の位置と目標の間に置かれた白色棒が，標的の進行を妨害した。また，事前呈示される刺激を操作することで「事前呈示あり」および「事前呈示なし」の2

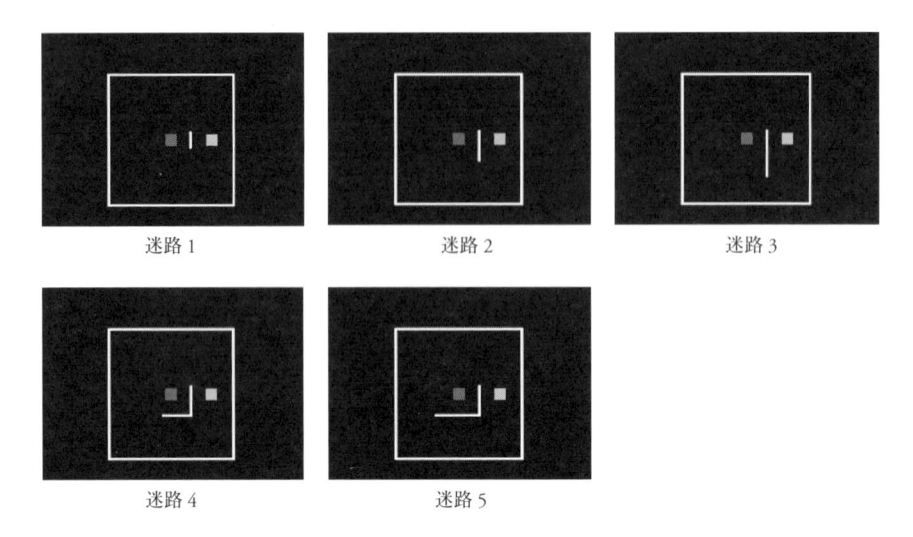

図 2-1　迷路 1—迷路 5 における課題の例。標的の開始位置と目標との間に白色棒が置かれた迷路課題。標的が白色棒の隣の位置に来たときには，棒を越えてはガイドが出ず，回り道をする必要があった。

条件を設け，課題を事前呈示することによって課題の遂行が向上するかどうか検討した。1 試行の流れの例を図 2-2 に示している。

迷路 1　標的を，3 回同じ向きに移動した位置（上，下，左，右）のいずれかに目標を呈示した。また長さ 70 ピクセルの白色棒（ガイド）を，標的の最初の位置と目標の間に置いた。課題遂行中に標的が白色棒の隣の位置に来たときには，棒を越えてはガイドが出ず，ハトは出ているガイドのいずれかをつつくことによって回り道をする必要がある。「事前呈示あり」試行では，事前呈示 2 で，ガイドを除く迷路のすべての刺激要素を薄い色で呈示した。「事前呈示なし」試行では，事前呈示 2 を省いた。この手続きでは，「事前呈示あり」条件では事前観察中に迷路の解決方略をプランニングすることができるが，「事前呈示なし」条件ではそれができないと考えられる。1 セッションは 48 試行で，事前呈示あり，なし各条件を 24 試行ずつ行った。目標に到達するための最短の移動回数は，5 回である。7 回以内の移動で解いた割合が，2 セッション連続で 90% を越えるまで訓練を行った。

迷路 2　標的と目標の間に置かれた白色棒の長さを，130 ピクセルとした。

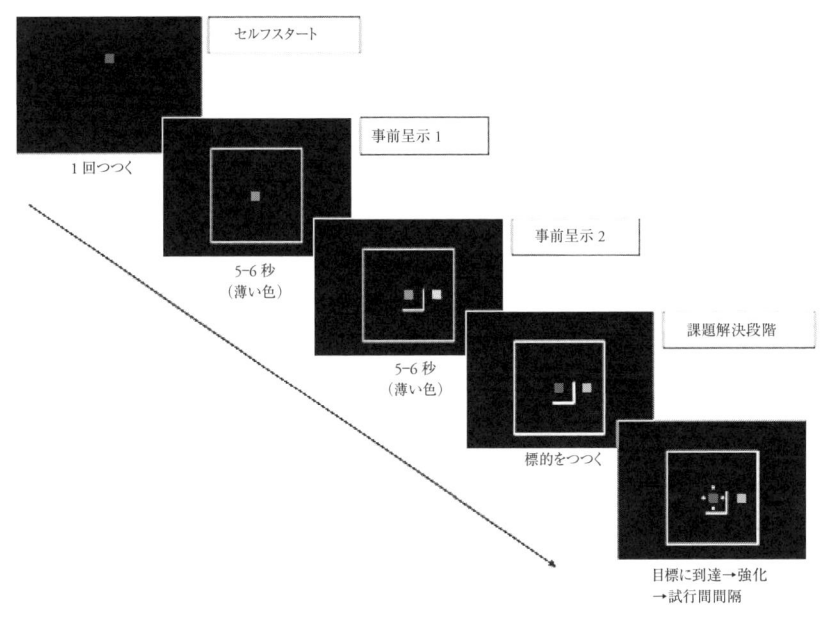

図2-2 テストセッションにおける試行の流れの例。

　これにより，標的の進路が2ブロック分妨害される。これらの棒は，迷路1で用いられた棒を1方向（上または下／右または左）に延長することによってできており，計8種類の課題があった。これら個々の迷路は，「迷路2」の例として示した図を90度，180度，または270度回転し，さらにそれらを裏返すとすべて見ることができる。これらのいずれかが，1セッションで6回ずつ呈示された。第1セッションでは，ハトが事前呈示時間を操作することを防ぐために，事前呈示中に画面に反応してもタイマーをリセットしなかった。その後のセッションでは再びそれを設け，事前呈示中の画面に反応しないようにした。各試行で，ハトは近道，および遠回りの2つの経路をとることができた。近道は，白色棒の短く切れた側の端を回る経路で，最短5回で目標に到達できた。遠回りは，白色棒の長く伸びた側の端を回る経路で，目標するには最短7回の移動が必要であった。各試行における近道・遠回りは，白色棒のどちら側の延長線上をはじめに横切ったかによって，操作的に決定した。経路に関わらず，9回以内の移動で目標に到達した割合が，2セッション連続で90%を越えるま

で訓練を行った。

迷路3 標的と目標の間にある白色棒の長さを，190ピクセルとした。標的の進路が，3ブロック分妨害された。これらの棒は，迷路2で用いられた棒を，迷路1から迷路2への移行の際と同様に延長して作られていた。手続きには以下のような修正を加えた。(1) 各セッションを16試行ごとのブロックに分割した。1ブロックの中で，8種類の課題が2試行ずつ呈示され，1試行は「事前呈示あり」条件，1試行は「事前呈示なし」条件であった。この方式により，ハトがその迷路をはじめて解いた16試行におけるプランニングの効果を分析することが可能となった。(2) 事前呈示2を，すべての試行に設けた。「事前呈示なし」条件では，事前呈示2における刺激は事前呈示1と同じであった。このことで，事前呈示あり，なし条件間で事前呈示段階の時間を等しくした。11回以内の移動で目標に到達した割合が，2セッション連続で90％を越えるまで訓練を行った。

迷路4 白色棒をさらに延長し，L字形に折り曲げた。棒の縦および横の辺はともに130ピクセルで，迷路2および迷路3と同様に，計8種類の課題があった。近道の経路をとった場合の最短の移動回数は5回で，遠回りの場合の最短回数は9回であった。11回以内の移動で目標に到達した割合が，2セッション連続で90％を越えるまで訓練を行った。

迷路5 L字形の白色棒を，さらに長くした（130×190ピクセル；口絵2上も参照）。迷路2～迷路4と同様に，計8種類の課題があった。迷路1～迷路4では，1つの迷路から次の迷路への刺激の変化が大きすぎたため，新奇な迷路をはじめて課されたセッションにおけるプランニングの効果を引き出すことが困難であった可能性がある。そこで，迷路4から迷路5への移行に際しては，はじめに8種類の課題のうち4種類だけを迷路5に変えた（迷路5-a）。4種類の課題は，個体ごとにランダムに選択した。その後，8種類すべてを迷路5とした（迷路5-b）。迷路5では，近道の経路をとった場合の最短移動回数は5回で，遠回りの場合の最短回数は13回であった。迷路5-a，迷路5-bのそれぞれについて，13回以内の移動で目標に到達した割合が2セッション連続で90％を越えることで，課題を十分に学習したとみなした。

各迷路について，ハトが学習の基準を満たすのに要したセッション数は，迷

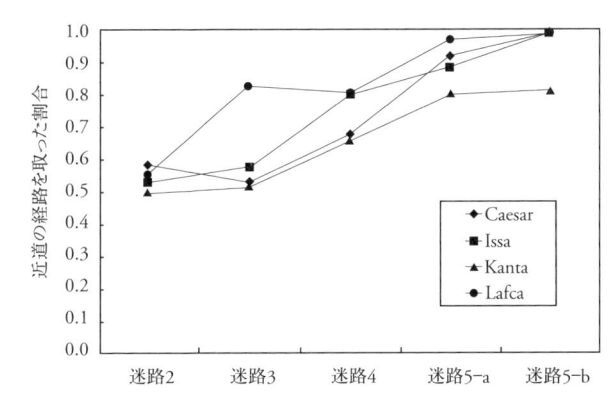

第 2 章　回り道：ハトは経路を事前計画するか

図 2-3　迷路 2〜迷路 5 において，それぞれのハトが近道の経路を取った割合。各点は，各段階における第 1 セッションから学習基準を満たしたセッションまでのデータを合計して示している。この分析に関しては，制限時間内に解決できなかった不正解試行も含めている。

路 1：4〜7 セッション，迷路 2：7〜28 セッション，迷路 3：4〜19 セッション，迷路 4：5〜8 セッション，迷路 5-a および迷路 5-b：2 セッションであった。迷路 2 から迷路 5-b のそれぞれについて，ハトが近道の経路を選択した割合を算出した。図 2-3 は，各迷路について，第 1 セッションから各個体が基準を満たしたセッションまでのすべての試行を分析に含めて示している。統計的検討の結果，迷路の種類の違いの効果が有意だった（p 値が 0.001 未満[1]）。さらに，それぞれの迷路間における値の差を個別に比較したところ，迷路 2 と迷路 5-a，および迷路 2 と迷路 5-b の間に有意な差が認められた（p 値がそれぞれ 0.1，0.5 未満[2]）。このことは，訓練の段階が進んで白色棒が長く複雑になるにつれて，ハトが次第に近道の経路を高い割合でとるようになったことを示している。

　迷路 1〜迷路 5-b のそれぞれについて，プランニングの効果を以下の 3 つの指標について検討した。(1) 最初にガイドを出した時点から，標的が目標に到達するまでの時間（課題解決時間；各条件の中央値）；(2) 標的が目標に到達するまでに要した移動回数の平均。各迷路について，（全体の平均 + 2 × 標準偏差）を

---

[1]　反復測定による 1 要因の分散分析
[2]　Bonferroni の方法による多重比較

越える試行は，"道に迷った"試行として扱い，分析から除外した。これらの試行は，迷路 5-b についてはプランニングの効果を検討した試行の 9% で，他の迷路では 7% 未満であった。(3) 課題が明るくなった時点から，はじめてガイドを出すまでの時間（初発反応時間；各条件の中央値）。課題解決時間と移動回数は，互いに連動して，課題遂行の効率の良さを示す指標になると考えられる。初発反応時間は，課題に向けられた注意や課題解決に対する動機づけが高いほど短くなると予想され，したがって解決開始前のプランニングをも反映するかもしれない。

　各指標について，各迷路の第 1 セッションにおけるハトの課題遂行を，「事前呈示あり」「事前呈示なし」条件間で比較した。迷路 3〜迷路 5-b については，第 1 セッションの最初の 16 試行を分析した。60 秒以内にハトが目標に到達できなかった試行については，分析から除外した。このような誤試行は，迷路 4 では分析対象とした試行の 11%，迷路 3 では 8%，他の迷路では 5% 未満であった。迷路 1 では，「事前呈示あり」条件で「事前呈示なし」条件よりも移動回数が多く，初発反応時間が長かった（条件の効果の p 値が 0.5 未満[3]）。また迷路 5-a では，「事前呈示あり」条件で「事前呈示なし」条件よりも移動回数が多かった（条件の効果の p 値が 0.5 未満）。それ以外の迷路および指標では，2 条件間に有意差は見られなかった（条件の効果の p 値が 0.5 以上[4]）。これらの結果は，いくつかの指標で「事前呈示なし」条件のほうが「事前呈示あり」条件よりも遂行成績がむしろ高いというもので，課題を事前呈示することで課題遂行が向上するという仮説とは逆になっている。

3) ハトのナビゲーションと回り道の計画 ── 考察

　この実験において，まず，ハトは液晶モニター上で図形を別の図形の位置まで運ぶというナビゲーションを学習した。コンピュータ画面上でのこのような行動が鳥類において示されたのははじめてであり，ハトにおける認知能力を研究するための新たな手法として有用であるといえる。野生のハトは，営巣のときに巣材を運ぶことはあるが，他の採食場面などでは，物体を別の位置まで運

---

[3]　反復測定による 1 要因の分散分析
[4]　反復測定による 1 要因の分散分析

ぶ必要はほとんどないだろう。それゆえ，今回ハトが課題の訓練に成功したことは，新たな環境に適応するハトの柔軟な能力を示すものだと考えられる。

　続く一連の回り道（迷路）課題では，ハトは標的と目標の間に置かれた白色棒を避けて迂回することで，目標に到達することができた。それぞれの迷路の第1セッションから，60秒の制限時間内に目標に到達できなかった試行数は少なく，さらに，段階が進んで白色棒が長く複雑になるにつれて，ハトは近道の経路をより高い割合で取るようになった。鳥類がコンピュータ画面上で2次元の迷路課題を解くことができるという報告は，本研究がはじめてであり，方法の観点から重要な発見であるといえる。本研究の手法を，経路の学習や空間的な記憶など，ハトのいろいろな認知能力の検討に応用できる可能性もあるだろう。

　本研究で用いた迷路課題では，白色棒を越えてはガイドが出なかったため，ハトは棒を避けようとしていたのではなく，単に出ているガイドをつついていただけであった可能性がある。しかし，プランニングの能力を検討する上では，この点は問題にはならないと思われるし，一連の課題の中でハトが効率の良い経路を選択するようになったという事実は，ハトの高い課題学習能力を示すものとして，それ自体興味深い。

　プランニングに関しては，それぞれの迷路をはじめて課したセッションで，事前呈示がある条件でハトが課題を早く正確に解くことができるという結果はえられなかった。いくつかの指標では，仮説とは逆に「事前呈示なし」条件のほうが「事前呈示あり」条件よりもむしろ遂行成績が高いという結果が得られ，それ以外の大半の指標では，事前呈示あり，なし条件間に統計的な差は見られなかった。仮説と逆の結果が出たのは，迷路1では「事前呈示あり」条件のほうが課題解決前に待っている時間が長かったため，課題を解く動機づけが低下したためかもしれない。ただ，同様の分析を繰り返し行ったため，いくつか偶然的に有意差が出た可能性もあろう。いずれにしても，ここまでの一連のテストでは，ハトが課題をはじめて課された際に，課題の解決方略をプランニングしていなかったか，または仮にしていたとしても，それを適切に引き出せなかったのではないだろうか。

2–3 すでに解き方を知っている課題の特定

1) 既知の課題を特定できているか？ ── 課題選択プランニングテスト1

　ハトが仮にはじめて解く迷路課題に対して事前プランニングをしていないとしても，すでに学習した課題については，当該試行において現れた課題が既知の複数の課題のうちのどれにあたるかを特定（選択）するというプランニングをしているかもしれない。そこで次に，ハトが学習した課題を用いて，既知課題におけるプランニングがされているかどうか検討した。既知の課題では，それぞれの解法が長期記憶に入っている可能性もあるので，問題を解決する際に一連の組織だった方策を立案するという，本来の定義におけるプランニングはなされていないかもしれない。ただここでは操作的に，当該試行の課題を同定する過程を「課題選択プランニング」と呼ぶ。2–2の最後に課した，迷路5の課題を用い，事前呈示中の課題と実際に解く課題が変化する試行を設けた。もしハトが「課題選択プランニング」をしているなら，課題が変化する条件で，課題が変化しない条件にくらべて遂行が悪化するであろう。

実験の手続き
　2–2と同じハトが，2–2の実験終了後すぐに参加した。2–2でプランニングの効果を示す証拠が得られなかった原因のひとつとして，ハトが事前呈示中の課題に十分注意を向けていなかった可能性があると考えた。そこで，迷路5での実験手続きに以下の修正を加えた。(1) 事前呈示段階から課題解決段階への刺激変化に注意を払わせるため，初発反応の反応時間（課題が明るくなった時点から，標的にはじめのつつき反応を入れるまでの時間）に上限を設けた。課題が明るくなった瞬間から3秒以内に標的に反応しなかった場合には，課題が消えて同じ試行のはじめに戻るようにした。(2) 事前呈示中の刺激に反応しないことはすでに学習していたと考えられるので，L字形の棒が呈示されない事前呈示

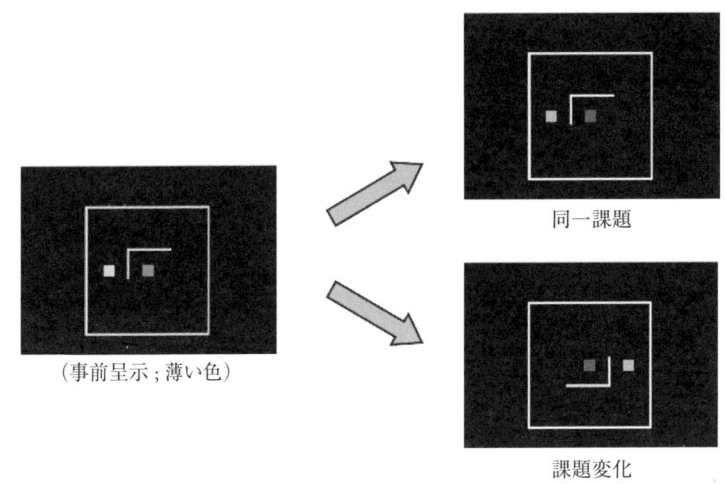

図 2-4　2-3 における「同一課題」条件と「課題変化」条件の例。1 セッション 48 試行中，「同一課題」条件が 32 試行，「課題変化」条件が 8 試行であった。残りの 8 試行は「事前呈示なし」条件で，分析には用いられなかった。

1 の時間は 0.5〜1.5 秒に短縮した。「事前呈示なし」条件でもハトが事前呈示 1 と事前呈示 2 を区別できるように，事前呈示 1 における標的の色を，薄い緑色にした。(3) ハトが事前呈示の時間を予測して課題から注意を逸らすことを防ぐため，事前呈示 2 の時間を，1 秒，2 秒，3 秒，4 秒，5 秒，6 秒，7 秒，8 秒のいずれかとし，試行ごとにランダムに呈示した。(1)〜(3) を，順に 5 セッションずつ訓練した。

課題選択プランニングテスト 1

以上を行った後に，「課題選択プランニングテスト 1」(図 2-4) を行った。1 セッション 48 試行のうち，32 試行は「同一課題」条件で，事前呈示の課題と実際に解く課題が同じであった。8 試行は「課題変化」条件で，事前呈示と実際に解く課題とが異なっていた。残りの 8 試行は「事前呈示なし」条件で，外枠と標的をのぞく刺激要素は事前呈示されなかった。迷路 5 には 8 種類の課題があったため，刺激変化の仕方は $8 \times 7 = 56$ 通りであり，これらを 1 回ずつ，7 セッションでテストした。

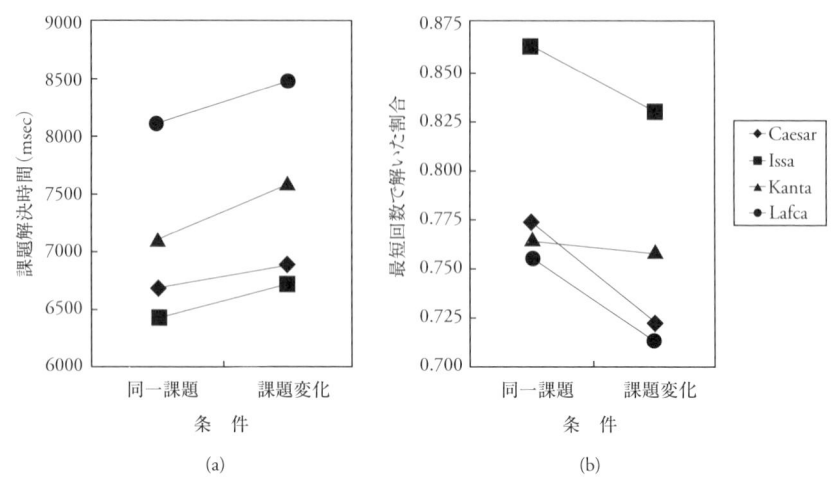

図 2-5 「課題選択プランニングテスト 1」の結果。(a)「同一課題」条件と「課題変化」条件における、課題解決時間の中央値。(b) 2 条件において、最短移動回数 (5 回) で目標に到達した割合。

解く課題が変わると「道に迷う」? —— 実験結果と考察

初発反応でやり直しがあった試行、および目標に到達できなかった試行は分析から除外した (これは、本章のすべてのテストに共通である)。図 2-5 に、「同一課題」条件および「課題変化」条件における課題解決時間の中央値をしている。条件の効果が、統計的に有意であった (p 値が 0.025 未満[5])。すなわち、ハトは課題が変化しない条件のほうが、課題が変化する条件よりも短い時間で課題を解いていた。他の 2 つの指標では、同様の分析で、条件の効果は有意ではなかった (p 値が 0.05 以上[6])。また、移動回数に関して、最短回数 (5 回) で目標に到達した割合についても分析を行った (図 2-5)。その結果、最短回数で目標に到達した割合は「課題変化」条件のほうが「同一課題」条件よりも有意に低かった (p 値が 0.05 未満)。これは、課題解決時間のデータに加えて、「課題変化」条件で「同一課題」条件よりも遂行が悪かったことを示す証拠であると考えられる。

---

5) 反復測定による 1 要因の分散分析
6) フリードマン検定

このように，複数の指標について「課題変化」条件で「同一課題」条件よりも遂行が悪いことを示す結果が得られた。このことから，ハトがすでに学習された迷路5の課題については，当該試行で現れた課題が既知の複数課題のうちどれにあたるかを特定するというプランニングをしていた可能性が示唆される。しかし，1試行の中で課題が変化するという事態をハトが経験したのは今回がはじめてであったため，ハトの課題遂行が悪化したのは，単に刺激の急激な変化に驚いたためだったのかもしれない。また，L字形の棒がどこからどこに移動するかによって，刺激変化の大きさやそれに伴う解き方の変わり方が異なっていた。そこで，次に刺激変化の大きさや解き方の変化を統制してさらに検討を行った。

2) 刺激変化の大きさを統制してみると ── 課題選択プランニングテスト 2〜3

　新たな迷路（迷路6〜迷路7）を解くことを訓練し，各迷路を学習した後で，課題選択プランニングのテストを行った。これらのテストでは，事前呈示の課題と実際に解く課題が異なる条件が2つあった。2条件とも，L字形の棒のうち特定の1辺の位置だけが事前呈示の後で変化するという意味で，刺激変化の大きさが等しかった。「課題変化・方略同じ」条件では，課題変化の前後で，効率良く目標に到達できる経路が同じであった。「課題変化・方略変化」条件では，課題変化の前後で，効率良く目標に到達できる経路が変化した。ハトが目標に到達するための経路を事前にプランニングしているなら，事前呈示段階から課題解決段階への移行時に課題を解く方略が変化する条件で，方略が同じである条件よりも課題の遂行成績が悪くなるであろうと考えた。こうした限定された刺激要素だけが変化する条件の間で遂行成績に差が見られれば，ハトが単に刺激の変化に驚いたのではなく，事前呈示中に経路をプランニングしていることがより強く示唆されるだろう。

実験の手続き
　2-2と同じハトが，「課題選択プランニングテスト1」の終了後すぐに参加

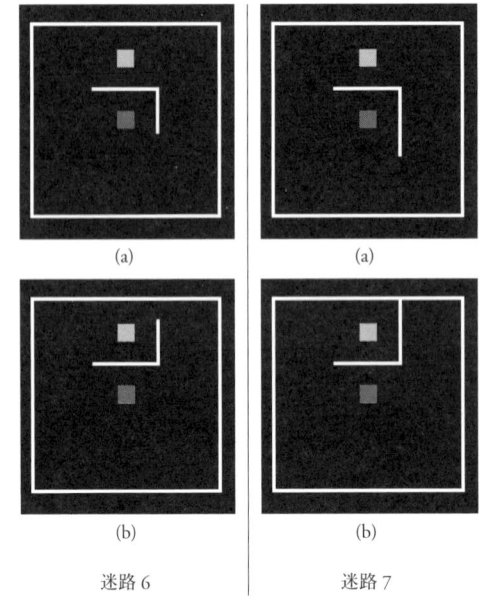

図 2-6　2-3(2) における迷路課題（迷路 6，迷路 7）。各迷路について，白色棒が標的側にかかっている課題（[a]）と，白色棒が目標側にかかっている課題（[b]）がそれぞれ 8 種類ずつあった。

した。

課題選択プランニングテスト 2

　はじめに，新たな迷路（迷路 6；図 2-6）を解くことを訓練した。迷路 6 では，標的および目標の位置は迷路 1〜迷路 5 と同じであったが，白色棒は標的の側にかかっているものと目標の側にかかっているものとがあり，各 8 種類ずつ，計 16 種類の課題があった。事前呈示の時間は 2 秒，4 秒，6 秒，8 秒のいずれかとした。16（課題）×2（事前呈示あり / なし）×4（事前呈示時間）= 128 通りの試行があり，1 セッションを 64 試行として，連続する 2 セッションでこれらすべてを解かせた。迷路 6 では，近道の経路をとった場合の最短移動回数は 7 回で，遠回りの場合の最短回数は 9 回であった。11 回以内の移動で目標に到達した割合が 2 セッション連続で 90% を越えるまで，訓練を行った。

　迷路 6 の訓練を終えた後で，「課題選択プランニングテスト 2」（図 2-7）を行っ

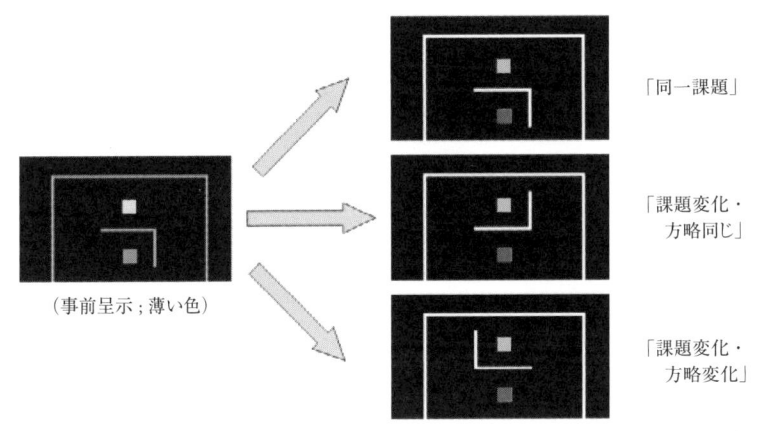

図 2-7 「課題選択プランニングテスト 2, 3」における 3 条件の例。「同一課題」条件では，事前呈示の迷路と実際に解く迷路とが同一であった。「課題変化・方略同じ」条件では，事前呈示の終了時に迷路が変化したが，近道の経路（本図では，左回りして上に行く）は変化しなかった。「課題変化・方略変化」条件では，迷路が変化したときに，近道の経路も変化した（上図では，左回りから右回り）。

た。1 セッションは 64 試行とし，48 試行は「同一課題」条件で，事前呈示の課題と実際に解く課題とが同じであった。8 試行は「課題変化・方略同じ」条件で，事前呈示段階と課題解決段階とで，L 字形の棒のうち 1 辺の位置が変化したが，棒のどちら側を回れば最短で目標に到達できるかは変わらなかった。残りの 8 試行は「課題変化・方略変化」条件で，L 字形棒の 1 辺が変化し，目標に到達するための最短の回り道経路も変化した。ハトがどの経路をとるかを事前呈示中にプランニングしているならば，「課題変化・方略同じ」条件よりも「課題変化・方略変化」条件のほうが課題の遂行成績が悪くなると考えた。テストは 8 セッション行った。

課題選択プランニングテスト 3

次に，新たな迷路（迷路 7：図 2-6）を訓練し，「課題選択プランニングテスト 3」を行った。迷路 7 では，迷路 6 における L 字形棒をそれぞれ延長した。L 字形棒が標的側にかかっている課題については，近道，遠回り両方の経路をとることができたが，L 字形棒が目標側にかかっている課題については，遠回りの経路が封鎖されており，近道の経路をとるしかなかった。取りうる経路を制限す

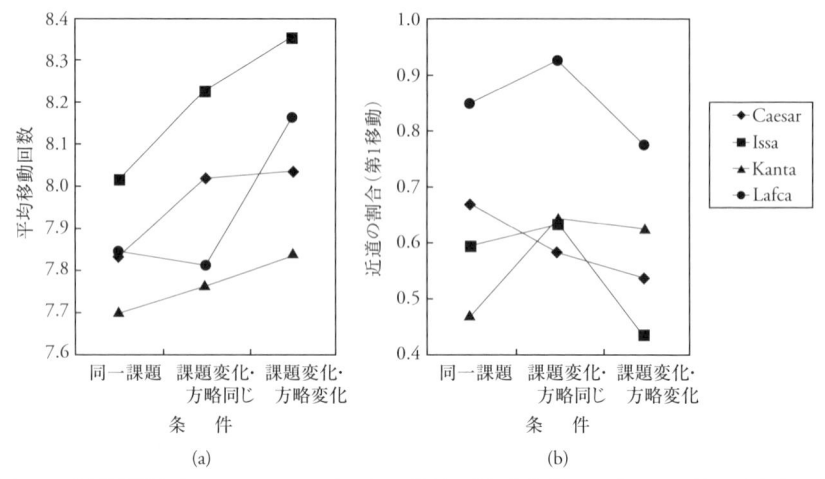

図 2-8 「課題選択プランニングテスト 3」の結果。(a) 各条件における，目標に到達するまでの平均移動回数。不正解試行，やり直しのあった試行，および全体の平均＋2標準偏差を超える試行は分析から除外された。(b) 第1移動が，近道の経路に至る向きであった試行の割合。不正解試行およびやり直しのあった試行は，分析から除外された。

ることで，課題選択プランニングの強い証拠が得られる可能性が高くなると考えた。13回以内の移動で目標に到達した割合が，2セッション連続で90%を越えるまで訓練を行った。「課題選択プランニングテスト 3」における試行の構成は，「課題選択プランニングテスト 2」と同じで，テストは8セッション行った。

実験の結果
課題選択プランニングテスト 2
「同一課題」「課題変化・方略同じ」「課題変化・方略変化」の3条件間で，ハトの課題遂行を比較した。しかし統計的検定の結果，どの指標についても条件の効果は有意でなかった（p値が 0.05 以上[7]）。

課題選択プランニングテスト 3
「課題選択プランニングテスト 2」と同様に，3条件間で課題遂行を比較した。移動回数について，条件の効果が有意であった（p値が 0.05 未満[8]；図 2-8）。条

---
7) 反復測定による1要因の分散分析
8) 反復測定による1要因の分散分析

件ごとに個別の比較を行ったところ,「同一課題」と「課題変化・方略変化」の条件間に有意差が見られた（p 値が 0.05 未満[9]）が，それ以外の条件間には有意差が見られなかった（p 値が 0.05 以上）。「課題変化・方略同じ」と「課題変化・方略変化」の 2 条件だけを独立に比較したところ,「課題変化・方略変化」条件のほうで有意に移動回数が多かった（p 値が 0.05 未満[10]）。他の指標では,条件の効果は有意でなかった（p 値が 0.05 以上[11]）。

　最初の移動において標的を動かした向きについても，分析を行った。第 1 移動が目標に直接近づく向きか，または直接遠ざかる向きである試行については,分析から除外した。残りの 2 つの向きについて，標的を近道の経路をとる向きに動かした割合を，3 条件間で比較した。条件の効果は有意でなかった（p 値が 0.05 以上[12]）が，「課題変化・方略同じ」と「課題変化・方略変化」の 2 条件だけを比較したところ,「課題変化・方略変化」条件のほうが近道の向きに動かした割合が有意に低かった（p 値が 0.05 未満[13]）。これは，移動回数の結果に加えて，「課題変化・方略変化」条件で課題遂行が悪かったことを示す証拠だと考えられる。

迂回経路が変わって「道に迷って」いる？ ── 考察

　以上のように,「課題選択プランニングテスト 2」では，3 条件間の課題遂行に有意差が見られなかった。この課題では，近道と遠回りの経路の間で必要な移動回数の差が小さいため，どちらの経路をとるかをプランニングする動機が高くなかった可能性がある。続く「課題選択プランニングテスト 3」では,遠回りの経路を封鎖し，取りうる経路を制限した。その結果，いくつかの指標については,「課題変化・方略変化」条件で課題遂行が悪化する傾向が見られた。すべての課題選択プランニングテストで積極的な結果が得られたわけではないし，すべての指標で有意差が見られたわけでもない。しかし,「課題選択プランニングテスト 3」では，有意差または有意傾向が見られた指標について

---

[9]　Bonferroni の方法による多重比較
[10]　フリードマン検定
[11]　反復測定による 1 要因の分散分析
[12]　反復測定による 1 要因の分散分析
[13]　フリードマン検定

は，いずれも同じ方向の効果が見られた。このことは，課題解決のための方略が変化することでハトの課題遂行成績が悪化するという仮説を支持するものだと考えられる。「課題変化・方略同じ」条件と「課題変化・方略変化」条件では，刺激変化の大きさは同じであったため，この結果は単に刺激の変化に驚いただけという理由では説明できない。ハトが，呈示された課題を既知の複数課題のどれにあたるか特定（選択）する，というプランニングをしている可能性を示唆する結果と解釈できるだろう。

2–4 ハトの回り道行動とプランニング

1）ハトにおけるナビゲーションと回り道課題の遂行

　2-2の訓練段階で，すべてのハトが液晶モニターをつつくことによって，標的を目標まで動かすというナビゲーション行動を学習することができた。2次元画面上でのこのような行動は，筆者の知る限り，鳥類でははじめて示されたものであり，新たな環境に適応するハトの柔軟な能力を証明するものといえるだろう。続く回り道（迷路）テストでは，ハトは壁に見立てた棒を避けて回り道をすることで，目標に到達できた。さらに，棒が次第に長く複雑な形状になるにつれて，ハトは近道の経路を高い割合で取るようになった。これらの知見は，経路の学習や空間記憶，その他さまざまな認知的過程を多様な種間で直接的に比較するための，有望な新手法をも提供するものと考えられる。

　本章で用いた課題に対する批判のひとつとして，これがほんとうに迷路課題なのか，という疑問があるかもしれない。すなわち，この課題では壁に見立てた棒を越えてはガイドが出なかったため，ハトは棒を避けることを意図してはおらず，単に"そこに見えている"ガイドのうちのどれかをつついていたにすぎないのではないか，という議論が考えられる。本章のデータだけから，こうした可能性に対して反論することは難しいかもしれない。しかし少なくともそれは，ここで調べたい認知過程である，課題遂行前の事前プランニングと直接的には関連しないだろう。今回の課題で設定された状況の中で，ハトが効率的

な方略をとるようになったという事実それ自体が，重要で興味深いものと思われる。

2) 課題遂行開始前のプランニング

　2-2 では，ハトが「事前呈示あり」条件において「事前呈示なし」条件よりも，はじめて経験する迷路課題を早く正確に解くという証拠はえられなかった。統計的には，いくつかの指標で「事前呈示なし」条件のほうがかえって遂行成績が高いというデータになっており，ほとんどの指標では「事前呈示あり」条件と「事前呈示なし」条件との間に有意差は見られなかった。これらの一貫した否定的結果を見ると，新奇な課題に対する問題解決行動を事前にプランニングすることは，ハトの能力のおよぶ範囲にないという可能性も浮かび上がってくる。しかしながら，本実験の結果だけから，ハトが新たな課題の解決方略をプランニングしないと結論づけるのは尚早であろう。2-2 で用いた一連の迷路課題では，ハトは目標に到達するために標的を最低でも 5 回動かす必要があり，また壁に見立てた棒を越えられないという点をのぞいては，移動の自由度も非常に高かった。そのため，これらの課題はハトにとって負荷の高いものであった可能性がある。より単純な迷路を用い，標的の動かし方にも制約を加えることで，今回よりもハトのプランニング能力をよく引き出せるのではないだろうか。ただしその場合は，単純でかつ新奇な迷路課題を課す方法を工夫する必要があるだろう。

　一方，2-3 では，課題がよく訓練された既知のものである場合に，当該試行で解く課題が複数の既知課題のどれにあたるかを特定（選択）するというプランニングをハトが課題遂行の開始前にしている，という仮説と矛盾しない証拠が得られた。「課題選択プランニングテスト 1」では，複数の指標において「課題変化」条件で「同一課題」条件にくらべてハトの課題遂行成績が悪化した。その後，刺激変化の大きさを統制した「課題選択プランニングテスト 2, 3」を行ったところ，事前呈示段階から課題解決段階への移行時に刺激が変化した際に，迷路を解く方略も同時に変化した条件のほうが，刺激が変化しても迷路を解く方略は変化しなかった条件にくらべて，ハトの課題遂行成績は悪かった。ゆえに，課題の変化による遂行成績の悪化は，単に刺激が変化したことによっ

て課題遂行が妨害されたことによるものではないことが示唆された。今回のデータは，すべてのテストあるいは指標において統計的な有意差を得るほど頑健なものではなかったが，えられた結果は同様の方向を示しおり，ハトが少なくとも限定的な意味でのプランニング能力を持っている可能性を示唆している。しかし，結果がやや弱かったのは，早く目標に到達しても得られる報酬に変化がなかったため，できる限り短時間で効率的に課題を解こうとするハトの動機づけが十分でなかったためかもしれない。したがって，ハトが課題を早く解いた試行においてより多くの報酬を与えるという手続きを導入することで，課題の事前呈示中における解決方略のプランニングが促進されると期待される。

　第 3 章では，本章でえられた一連の成果と改善点を踏まえて，新たな課題を導入することでハトにおけるプランニング能力を引き続き検討する。

第3章

先手読み：ハトの短期的計画と修正能力

3-1 迷路課題を用いた新たなテスト手続き

　第2章では，ハトにコンピュータ画面上で空間移動課題および種々の迷路課題を学習させることに成功し，課題を事前呈示して解く際にそれを別のものに変えるという方式で，課題解決開始前のプランニングを検討する手続きを確立した (Miyata et al., 2006)。とはいえ，この方法だけでは，「少なくともよく学習された既知の迷路については事前にプランニングをしているかもしれない」という，肯定的ではあるけれども条件付きの結果に止まってしまう。ハトは，迷路の解決方法をプランニングしていないのだろうか。それとも，何らかのプランニングはしているが，それを十分に引き出せなかったのだろうか。ハトは，仮に課題を解くためのすべての移動の向きはプランニングしていないとしても，まずは上に行って次は右に行き，その次は……といった先読み，すなわちごく短期的な移動方向のプランニングはしているのかもしれない。また，そのような先読みは，問題解決の途中で課題が変わるなどの予期せぬ事態があった際にも，それに対応して柔軟に調整されるものかもしれない。本章では，このような先読み過程に着目し，新たな迷路課題と手続きを工夫して検討を行う。具体的には，以下のような実験の改良を試みる。

　第1に，プランニングは課題解決の開始前だけではなく，課題遂行の途中でもなされる可能性がある（たとえば Rogoff et al., 1994)。そのため，課題遂行中のプランニングと，遂行開始前のプランニングを，同様の手続きで検討できる手法を考案することが必要である。第2に，第2章でも考察したように，

Miyata et al.（2006）では標的の移動方向の自由度が高かった。そのため，上→右→上といった個別の移動の向きが条件間でどう違うのかが捉えにくく，プランニング能力が十分に実験結果に反映されなかった可能性がある。課題をより単純にし，標的の運動に制約を加えることで，特定の座標における運動の向きを検討できるようにすることが有効だと思われる。第3に，第2章では試行内で壁に見立てた棒が移動する手続きを用いたが，棒以外の刺激が移動するという手続きを用いることも考えられる。食物を得るための到達地点である目標の位置が変化したほうが，ハトはより鋭敏に先読みとその方略修正を示すかもしれない。第4に，第2章でも考察したように，早く課題を解いた試行で穀物をより長い時間食べられるようにすることで，できる限り早く課題を解こうとするハトの動機づけを高め，将来の行動に対するプランニングを促進できる可能性がある。

　本章では，第2章と同じハトにおけるプランニング能力を，新奇な迷路課題を用いることで引き続き検討する（Miyata and Fujita, 2008）。3-2では，ハトに十字形の迷路課題を解くことを訓練し，ハトが迷路課題の遂行途中で，先の1手あるいは2手以上をプランニングしているかどうか検討する。3-3では，十字形の腕の各先端がT字形に枝分かれした迷路（"手裏剣形迷路"）を用いて，ハトが課題解決の開始前に最初の手をプランニングしているかどうか検討する。両方の実験で，Miyata et al.（2006）の手続きを改良することで，ハトの先読み，すなわち移動方向のごく短期的なプランニングについての証拠を得ることを目標とする。

3-2 | 十字形迷路によるハトの先手読み

　上で述べた課題を踏まえ，本節では，経路選択の可能性を制限した十字形の迷路課題を導入し，課題解決の途中で目標の位置が変化するという条件を設けた。このような実験場面で考えられるハトの行動に対応して，プランニングのレベルを以下のような3つに分類した。レベル0：まったくプランニングをしていない。レベル1：プランニングしているが，課題の変化に対して調整がで

きない。レベル2：プランニングしており，課題の変化に対して調整ができる。もしハトが課題解決の途上でまったくプランニングをしていない（レベル0）ならば，目標の位置が変化するという事態は迷路の遂行に何ら影響を及ぼさないだろう。もしハトが課題解決の途上でプランニングをしているが，目標の場所が変化した後で行動を調整することができない（レベル1）ならば，迷路の中央に来たときに，標的を元の目標の向きに誤って動かすだろう。このときの反応時間は，目標の位置変化がない統制条件における反応時間と変わらないと考えられる。もしハトが課題解決の途中で先の手をプランしており，柔軟に行動を調整することもできる（レベル2）ならば，レベル0の場合と同様に正しい経路をとると考えられるが，反応時間は統制条件よりも長くなるだろう。標的が迷路中央に来た瞬間に目標位置が変化する状況で，レベル1，2に対応する行動が見られれば，中央の次の1手をプランニングしていることが示唆されると考えられる。同様に，標的が迷路中央の1手以上前に来た時点で目標位置が変化し，それらの行動が見られれば，2手以上のプランニングが示唆されると考えられる。

1）参加したハトと十字形迷路課題の訓練

　第2章のハトのうち，Caesar, Issa, Lafcaの3個体が参加した。Kantaは，第2章の実験終了後に神経系の異常が原因と思われる病気のために実験を継続できなくなったため，参加しなかった。本章の実験開始時点で，Caesarは10歳，他の2個体は5歳だった。実験装置は，第2章と同じである。実験刺激の構成要素は，基本的に第2章と同様であったが，外枠の内側に，白色棒（幅10ピクセル）を組み合わせて十字形の領域を取り囲む図形を描いた。事前呈示段階は設けなかったため，薄い色の刺激は使わなかった。

　第2章で訓練したナビゲーション（空間移動）課題を引き続き用いて，3-2ではハトに新たな十字形迷路課題（図3-1 (a)；口絵2下も参照）を課した。この課題では，ハトは十字の1つの腕の先端に置かれた標的を，別の腕の先端におかれた目標まで，標的の周囲に出たガイドの1つをつつくことで運ぶ必要があった。棒を越えてはガイドが出ないため，ハトは十字形で囲まれた図形の内部でのみ，標的を動かすことができる。図3-1 (a) のように，4個のガイドがすべて

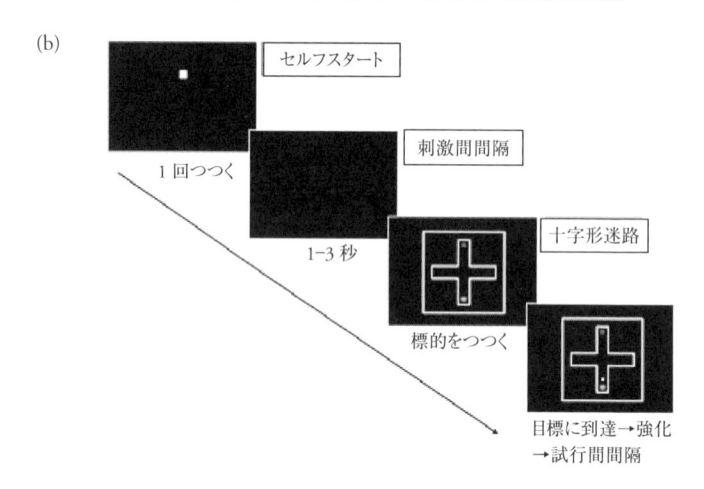

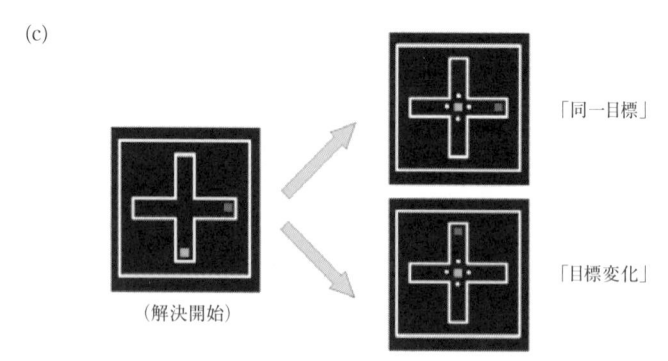

図 3-1　3-2 における刺激および手続き。(a) LCD モニター上で十字形迷路課題を解くハト（Caesar）。(b) 試行の流れ図。(c)「目標変化テスト 1」における 2 条件。

現れるのは，標的が迷路の中央の位置に来た時だけである。標的—目標の位置の組み合わせは，計 12 通りであった。はじめに，標的と目標が一直線上に置かれた，4 通りの位置の組み合わせ（上→下，下→上，右→左，左→右）を短期間だけ訓練し，すべての標的の出発位置を経験させた。次に，標的の開始位置 2 ヶ所と，それらに対応する目標の位置各 3 ヶ所の，計 6 通りの標的—目標の位置の組み合わせを各個体に訓練した。標的の開始位置は，Caesar は上および左，Issa は上および右，Lafca は下および右であった。この段階で訓練された 6 通りの標的—目標の位置の組み合わせは *familiar*（既知課題），それ以外の 6 通りの標的—目標の位置の組み合わせは *unfamiliar*（非既知課題）とみなすこととする。1 セッションは 60 回の試行からなり，それぞれの位置の組み合わせが同じ頻度で現れるようにした。ハトが最短の移動回数（6 回）で目標に到達した試行が，2 セッション連続で 90 ％以上に達するまで，9 ～ 10 セッションの訓練を行った。

　試行の流れは，図 3-1 (b) に示したものである。3 秒間の黒色画面（試行間間隔）の後，画面上に白色正方形がセルフスタートキーとして現れた。ハトがこのキーをつつくと，黒色画面（刺激間間隔）が 1 ～ 3 秒続き，その後に迷路課題が現れた。黒色画面の間は，画面に反応が入るとタイマーがリセットされた。迷路が現れた後，一定時間（Caesar：3 秒；Issa：4 秒；Lafca：6 秒）以内に標的に反応しなかった場合には，課題が消えて再び同じ試行のはじめに戻った。標的を目標まで運ぶことに成功すると，グレインホッパーが上がって，ハトは 1.8 ～ 2.8 秒間飼料を食べることができた。できる限り早く課題を解こうとするハトの動機づけを高めるために，飼料の呈示時間に 1 秒間の傾斜をつけた。すなわち，短い時間で課題を解いた試行ほど，長く飼料を食べられるようにした。たとえば Caesar の場合，5 秒で目標に到達した場合の飼料呈示時間は 3.3 秒，20 秒で目標に到達した場合のそれは 2.3 秒であった。これらのテストでは，ハトができる限り課題を早く解こうとすることが重要であり，この手続きにより，ハトの先読みを促進できることが考えられる。ハトが 60 秒以内に目標に到達することができなかった場合は，課題を消し，罰として 5 秒間の黒色画面の待ち時間（タイムアウト）を課した。

2) 先読みのテスト

目標変化テスト1

標的—目標の位置の組み合わせの半数だけを訓練したあとで,「目標変化テスト1」(図3-1;図3-2も参照)を行った。1セッションは,60回の試行からなっていた。うち48試行はベースライン試行で「同一目標」条件,残りの12試行はテスト試行で「目標変化」条件とした。「同一目標」条件では,試行内で目標の位置が変化しなかった。標的—目標の12通りの位置の組み合わせが等しい頻度で呈示され,半数は *unfamiliar*,半数は *familiar* であった。「目標変化」条件では,標的が十字形迷路の中央に来た瞬間に,目標が別の2本の腕のいずれかの先端に移動した。ガイドは,標的が1回ずつの移動を終えて停止した直後にその都度出現したので,目標の位置移動は迷路中央におけるガイドの出現と同時に起きたことになる。本章でのすべてのテストで,ハトは「目標変化」試行においても「同一目標」試行と同様に食物飼料を食べることができた。目標の変化のしかたは計24通りで,半数は *unfamiliar*,半数は *familiar* な標的—目標の位置の組み合わせにおける目標変化だった。それぞれの目標変化のしかたを1度だけ呈示したため,テストは2セッションで行った。

目標変化テスト2〜4

さらに,ハトが2手以上先のプランニングをしているか検討するため,続いて「目標変化テスト2〜4」(図3-2)を行った。これらのテストでは,標的が迷路中央の1手,2手あるいは3手前の位置にきたときに目標の位置が変化した。「目標変化テスト2」では,「目標変化」条件において標的が迷路中央の1手手前にきた瞬間に,目標が別の腕の先端に移動した。「目標変化テスト3」では,「目標変化」条件において標的が中央の2手手前にきた瞬間に,目標が別の腕の先端に移動した。「目標変化テスト4」では,標的の開始位置を中央の4手手前に移し,「目標変化」条件において標的が中央の3手手前にきた瞬間に,目標を別の腕の先端に移動させた。以上の点をのぞいて,テストセッションにおける試行の構成は「目標変化テスト1」と同じで,テストはそれぞれ2セッション行った。各テストの間には,5セッション以上の訓練セッションを差し挟んだ。訓練セッションでは,個体ごとに *familiar* な6通りの標的—目標の位

置の組み合わせだけを呈示し，遂行成績がはじめの訓練段階と同等の水準で維持されていることを確認した。

3) 移動の向き，反応時間と先読み ―― 実験結果と考察

目標変化テスト1

図3-2に，中央の点における次の移動の向きを，*unfamiliar*および*familiar*な位置の組み合わせごと，および条件ごとに示している。「現在の目標の向き」は正しい反応を示しており，「同一目標」条件では当該試行で呈示された目標への向き，「目標変化」条件では位置変化した後の目標の向きへの移動を指している。「前の目標の向き」は，「目標変化」条件における位置変化が起きる前の目標の向きへの誤った反応を指している。「それ以外の向き」は，「同一目標」条件では目標に至る向き以外の3つの向きを，「目標変化」条件では前（＝目標変化前）または現在（＝目標変化後）の目標に至る向きを除く，2つの向きをさしている。*unfamiliar*および*familiar*な位置の組み合わせの両方について，正反応の割合は「目標変化」条件で「同一目標」条件よりも有意に低かった（表3-1）。「目標変化」条件における，迷路中央での変化前の目標の向きへの誤反応は，*unfamiliar*な位置の組み合わせでは誤反応全体の平均96%（Caesar, Issa, Lafcaの平均；以下同様）を占めており，偶然レベル（＝1/3）よりも有意に高い割合であった（*p*値が0.01未満[14]）。これは，図3-2の「目標変化」条件において，「前の目標の向き」の箇所が，「前の目標の向き」と「その他の向き」の箇所の和に対して占める割合に相当する。*Familiar*な位置の組み合わせでは，こうした変化前の目標の向きへの誤反応は誤反応全体の92%を占めており，やはり偶然レベル（＝1/3）よりも有意に高い割合であった（*p*値が0.01未満[15]）。これらの誤反応において，標的を誤って元の目標の向きに動かし続けた回数は，*unfamiliar*な位置の組み合わせでは平均1.54回，*familiar*な位置の組み合わせでは平均1.39回であった。これらの誤反応試行において，試行の開始時に標的と目標が一直線上に並んでおらず，迷路中央で90度の方向転換が必要な配置になっていた試行の割合は，*unfamiliar*な位置の組み合わせでは平均63%，

---

14) 1サンプルのt検定
15) 1サンプルのt検定

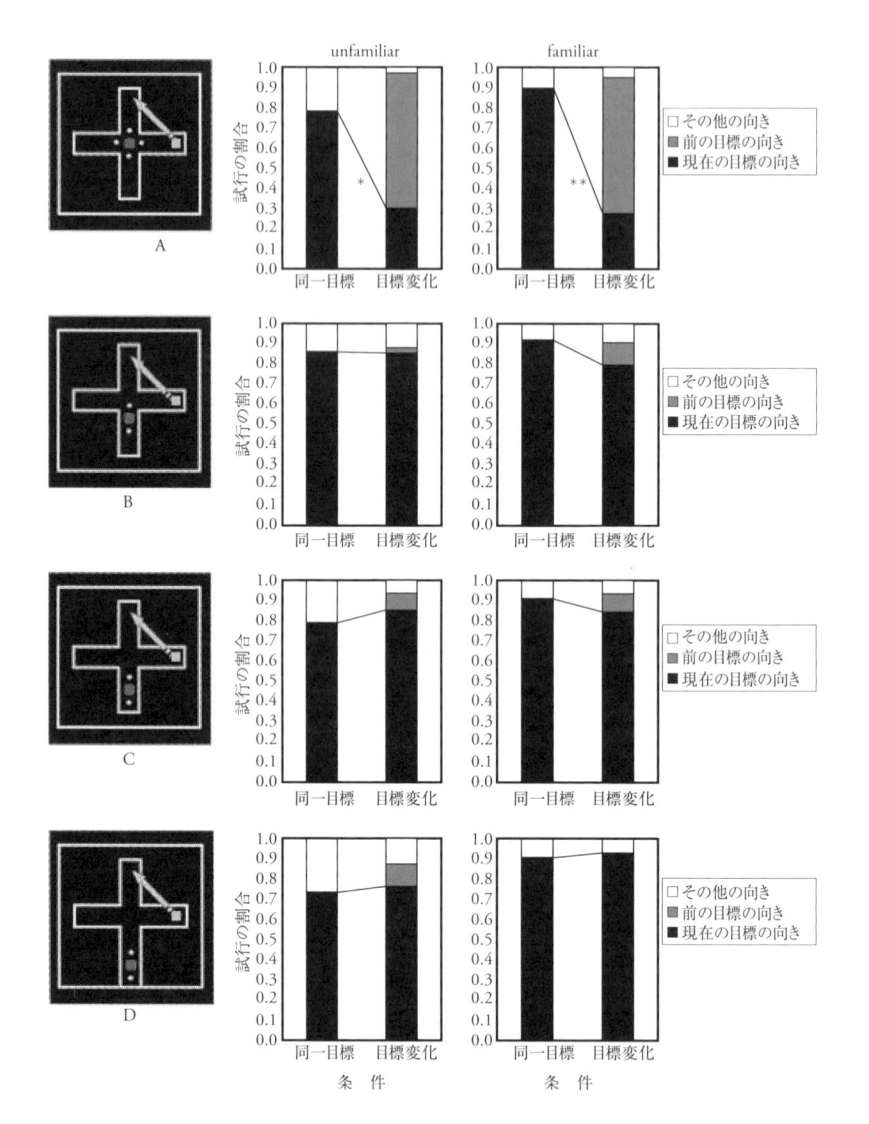

図 3-2　3-2 の「目標変化テスト 1~4」(それぞれ A, B, C, D) について,迷路中央における (目標の位置が変化した直後ではない) 標的の動きの向きを,*unfamiliar* および *familiar* な位置の組み合わせごとに示す。各グラフは,ハト 3 個体の平均を示している。図に描かれた矢印は,目標変化の一例を示すものである。試行によっては,図示されたものとは逆の向きや,別の位置の組み合わせでも目標変化が起きた。アスタリスクは,「同一目標」条件と「目標変化」条件の間における,正反応率の統計的な有意差を示している。
**：$p < .01$；*：$p < .025$ (統計的に意味のある差が確認された)

表 3-1 各目標変化テストにおける，迷路中央での正反応割合の「同一目標」と「目標変化」条件間の比較についての統計解析結果（反復測定による1要因の分散分析）

十字形迷路 (3-2)		
標的—目標の位置の組合せ	*unfamiliar*	*familiar*
目標変化テスト 1	$F(1, 2) = 98.859, p < 0.025$ *	$F(1, 2) = 129.161, p < 0.01$ **
目標変化テスト 2	$F(1, 2) = 0.021$, n.s.	$F(1, 2) = 8.308$, n.s.
目標変化テスト 3	$F(1, 2) = 1.036$, n.s.	$F(1, 2) = 6.750$, n.s.
目標変化テスト 4	$F(1, 2) = 1.000$, n.s.	$F(1, 2) = 0.050$, n.s.
手裏剣形迷路 (3-3)		
標的—目標の位置の組合せ	*novel*	*familiar*
目標変化テスト	$F(1, 2) = 20.966, p < 0.05$ *	$F(1, 2) = 0.436$, n.s.

*: $p < 0.05$; **: $p < 0.01$ （統計的に意味のある差が確認された）
n.s.（統計的に意味のある差を確認できなかった）

familiar な位置の組み合わせでは平均71％だった。これらのデータは，ハトは目標の位置が変化した直後に，高い頻度で標的を変化前の目標の向きに誤って動かしており，経路を修正する前に2回またはそれ以上誤った向きに動かし続けた試行もあったことを示している。その結果，迷路中央における反応遂行の成績は，「目標変化」条件において「同一目標」条件よりも悪化しているといえる。さらにハトは，迷路の中央で90度の方向転換が必要な試行においても，しばしば前の目標の向きへの誤反応をしていた。

図3-3は，「目標変化テスト1」における，迷路中央での反応時間を示している。「その他の向き」への反応は，分析から除外し，それ以外の試行を，以下の3種類の反応型に分けた。「同一目標」条件については，正しい向きへの反応を「同一—正反応」として分析した。「目標変化」条件については，移動の向きが元の目標の向きへの誤反応（「変化—誤反応」）であったか，変化後の目標の向きへの正反応（「変化—正反応」）であったかに応じて，各試行を分けて分析した。統計的検討の結果，*unfamiliar* な位置の組み合わせについては，反応型の効果が有意であった（表3-2）。反応型ごとの比較[16]を個別に行ったところ，「同一—正反応」と「変化—誤反応」，「変化—誤反応」と「変化—正反応」，「同

---

16) 対応のあるサンプルのt検定

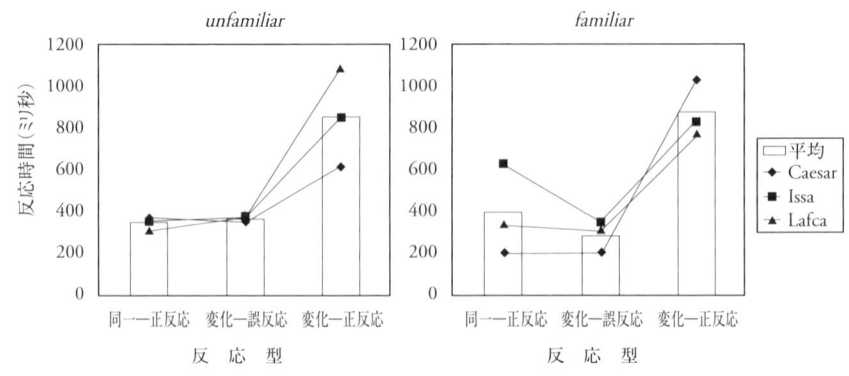

図 3-3 「目標変化テスト 1」における，目標の位置変化直後の反応時間を，各反応型（「同一―正反応」，「変化―誤反応」，「変化―正反応」）ごとに示す。Unfamiliar および familiar な位置の組み合わせを別々に示している。

―正反応」と「変化―正反応」の差はいずれも有意には至らなかった（p 値が 0.05 以上）ものの，後半 2 つの比較については有意な傾向（p 値が 0.1 未満）が見られた。同じ分析を，反応時間の数値を対数変換して行ったところ，反応型の効果はやはり有意で（p 値が 0.01 未満），個別の比較では，「変化―誤反応」と「変化―正反応」の間に有意差が見られた（p 値が 0.05 未満）。「同一―正反応」と「変化―誤反応」，および「同一―正反応」と「変化―正反応」の間にはそれぞれ有意差は見られなかったが，後者は有意な傾向を示した。familiar な位置の組み合わせについては，反応型の効果が有意であった。個別の比較[17]の結果，「変化―誤反応」と「変化―正反応」の間に有意差が見られた（p 値が 0.05 未満）。「同一―正反応」と「変化―誤反応」，「同一―正反応」と「変化―正反応」間には，有意差が見られなかった。このことは，unfamiliar および familiar な位置の組み合わせ両方について，「変化―正反応」の試行における反応時間が，それ以外の反応型の試行における反応時間よりも長かったことを示している。

総合すると，一連の結果はハトが迷路中央の点の次に取る 1 手の向きを，迷路課題遂行の途上でプランニングしているという仮説と矛盾しないものといえる。「目標変化」条件の試行では，誤反応と正反応がともに存在しており，そ

---

[17] 対応のあるサンプルの t 検定

表 3-2　各目標変化テストにおける，迷路中央での反応型ごとの反応時間についての統計解析結果（反復測定による 1 要因の分散分析）

十字形迷路（3-2）

標的—目標の位置の組合せ	unfamiliar	familiar
目標変化テスト 1	$F(2, 4) = 11.867, p < 0.05$ *	$F(2, 4) = 10.807, p < 0.05$ *
目標変化テスト 2	—	$F(2, 4) = 0.794$, n.s.
目標変化テスト 3	$F(2, 2) = 0.058$, n.s.	$F(2, 4) = 0.010$, n.s.
目標変化テスト 4	$F(2, 2) = 0.171$, n.s.	—

手裏剣形迷路（3-3）

標的—目標の位置の組合せ	novel	familiar
目標変化テスト	$F(2, 4) = 15.623, p < 0.05$ *	$F(2, 4) = 7.163, p < 0.05$ *

*：$p < 0.05$（統計的に意味のある差が確認された）
n.s.（統計的に意味のある差を確認できなかった）
（誤反応試行が少なく，分散分析ができなかった箇所は結果を示していない）

れぞれがレベル 1（プランニングしているが，行動の調整ができない）とレベル 2（プランニングしており，行動を調整している）という，異なる水準でのプランニングの可能性を示唆している。

目標変化テスト 2

unfamiliar な位置の組み合わせでは，「同一目標」条件と「目標変化」条件との間で，迷路中央での正しい反応の割合に差は見られなかった（表 3-1）。*unfamiliar* な位置の組み合わせについて，「目標変化」条件における，迷路中央での誤反応を分析したところ，変化前の目標の向きへの誤反応の割合はCaesar：0％，Issa：33％であった。Lafca は，「目標変化」条件において迷路中央で誤反応をした試行がなかった。*familiar* な位置の組み合わせでも，迷路中央での正しい反応の割合に条件間の差は見られなかった。しかしながら，個体別に分析したところ，Caesar と Lafca では「目標変化」条件における遂行成績が悪くなる傾向が見られた。すなわち，統計的な有意差には至らないものの，正反応の割合が「同一目標」条件よりも「目標変化」条件で低くなる傾向が見られた（p 値が 0.1 未満[18]）。*familiar* な位置の組み合わせについて，「目標変化」

---

18) Fisher の直接法

条件における，迷路中央での誤反応を分析したところ，変化前の目標の向きへの誤反応の割合は平均56％で，偶然レベル（＝1/3）よりも高い傾向が見られた（p 値が0.1未満[19]）。これらの誤反応試行のすべてにおいて，変化前の目標への誤反応を1度した後，ハトは反応の向きを正しく修正していた。これらのデータは，よく訓練された既知の位置の組み合わせについては，ハトは標的を変化前の目標の向きに誤って動かす傾向があったが，誤反応をした後の反応の修正は「目標変化テスト1」よりもずっと容易だったことを示している。

目標の位置が変化した直後の反応時間を，「目標変化テスト1」と同様に分析した（表3-2）。unfamiliar な位置の組み合わせについては，Caesar と Issa で「変化—誤反応」試行がなかったため，3つの反応型の間の差を統計的に調べることはできなかった。個別の比較[20]の結果，「同一—正反応」と「変化—正反応」の間に有意差は見られなかった。familiar な位置の組み合わせでは，反応型の効果は有意でなかった。したがって，ハトは既知の問題については先の2手をレベル1（プランニングしているが，行動の調整はできない）の水準でプランニングしているかもしれないが，未知の問題についてはプランニングしていない可能性がある。

目標変化テスト3

unfamiliar および familiar のどちらの位置の組み合わせについても，迷路中央での正しい反応の割合に「同一目標」条件と「目標変化」条件の間で有意差は見られなかった（表3-1）。しかし，familiar な位置の組み合わせでは，「目標変化」条件での迷路中央における誤反応のうち，平均67％が前の目標の向きへの誤反応だった。これは，統計的な有意差には至らない（p 値が0.05以上[21]）ものの，偶然レベル（＝1/3）よりも高かった。これらの誤反応試行において，Issa における1試行を除くすべての試行で，ハトは1回の誤反応の後に運動の向きを正しく修正していた。目標の位置が変化した直後の反応時間を，前回までのテストと同様に分析した（表3-2）。unfamiliar および familiar の位置の組み合わせ両方において，反応型の効果は有意でなかった。したがって，よく訓練された既知

---

19) 1サンプルの t 検定
20) 対応のあるサンプルの t 検定
21) 1サンプルの t 検定

の位置の組み合わせについては，変化前の目標の向きへの誤反応によってやや遂行成績が悪化していたものの，その傾向はごく弱いものだった。ハトは迷路課題の解決途中で，先の 3 手まではプランニングしていない可能性がある。

目標変化テスト 4

結果は完全に否定的なものだった。unfamiliar および familiar のどちらの位置の組み合わせについても，迷路中央での正しい反応の割合に「同一目標」条件と「目標変化」条件の間で有意差は見られなかった（表 3-1）。目標の位置が変化した直後の反応時間についても，以前のテストと同様に分析した。unfamiliar な位置の組み合わせでは，反応型の効果は有意でなかった（表 3-2）。familiar な位置の組み合わせについては，どの個体にも「変化―誤反応」試行が見られなかったため，3 つの反応型の間の差を統計的に調べることはできなかった。個別の比較[22]の結果，「同一―正反応」と「変化―正反応」の間に有意差は見られなかった。したがって，「目標変化」条件における遂行成績は，「同一目標」条件と同等に高かった。これは，ハトが既知の位置の組み合わせにおいてさえ，先の 4 手まではプランニングしていないことを示唆している。

3-2 における一連の目標変化テストの結果は，ハトが迷路課題を解決している途中で先の 1 手をプランニングしており，さらに解決途中で問題が別のものに変化した際に，前にプランニングしていた行動の修正をもしたことを示唆している。また，よく訓練していた既知の課題については，先の 2 手をもプランニングしている可能性があるという示唆もえられたが，これについては統計的な有意差には至らない，やや弱いデータしかえることができなかった。3-3 では，ハトの短期的なプランニング能力が，問題解決を遂行している途中に限定されたものであるかどうかという問いを立てる。すなわち，3-2 の課題を応用することで，ハトが問題解決を開始する前に自身の行動を先読みしているかどうか検討する。

---

[22] 対応のあるサンプルの t 検定

3-3 手裏剣形迷路による事前計画

3-3 では，ハトが迷路課題の解決を開始する前に将来の行動をプランニングするかを検討する。ここでは，3-2 で用いた迷路の変形版を用いる。すなわち，統計的検定をより強力に行えるように，目標を置くことができる腕の数を増やす。また，第 2 章と同様に，迷路をまず薄い色で呈示するという，事前呈示の段階を設ける。テストセッションでは，課題全体が明るくなった瞬間に，目標が別の腕の先端に移動する条件を設ける。3-2 と同様に，以下の 3 つのレベルを仮定する。もしハトが将来の行動をまったくプランニングしていなければ（レベル 0），目標の位置が変化する試行としない試行とで，反応の速さや正確さは変わらないと考えられる。もしハトが将来のプランニングをしているが，一度プランした行動を修正することができないとすると（レベル 1），標的を事前呈示段階における目標の向きに誤って動かすだろう。この場合の反応時間は，統制条件と変わらないと考えられる。もしハトが将来の行動をプランニングしており，行動を修正することもできるとすると（レベル 2），目標が変化しても正しい経路をとることができるが，そのときの反応時間は統制条件よりも長くなると考えられる。

1) 手裏剣形迷路の訓練とテスト手続き

3-2 と同じハトが，3-2 のテスト終了後すぐに参加した。実験刺激の構成要素は 3-2 と同じだったが，外枠の内部に，壁に見立てた白色棒を組み合わせ，十字形の各先端が T 字形に枝分かれした"手裏剣形"の領域を取り囲んだ図形を描いた。また，事前呈示の画面として，外枠，標的，目標，ガイドがすべて薄い色で描かれた刺激を用いた。

まず，ハトに新奇な手裏剣形の迷路（図 3-4）を解くことを訓練した。標的は，試行開始時には常に迷路の中央にあり，目標は 8 本の腕いずれかの先端にある。棒を越えてはガイドが出ないため，ハトは手裏剣形の図形の内部でのみ，標的を動かすことができる。それぞれの試行で，課題解決をはじめる前に事前呈示段階を設けた。事前呈示段階では，迷路全体を薄い色で呈示し，この間はハト

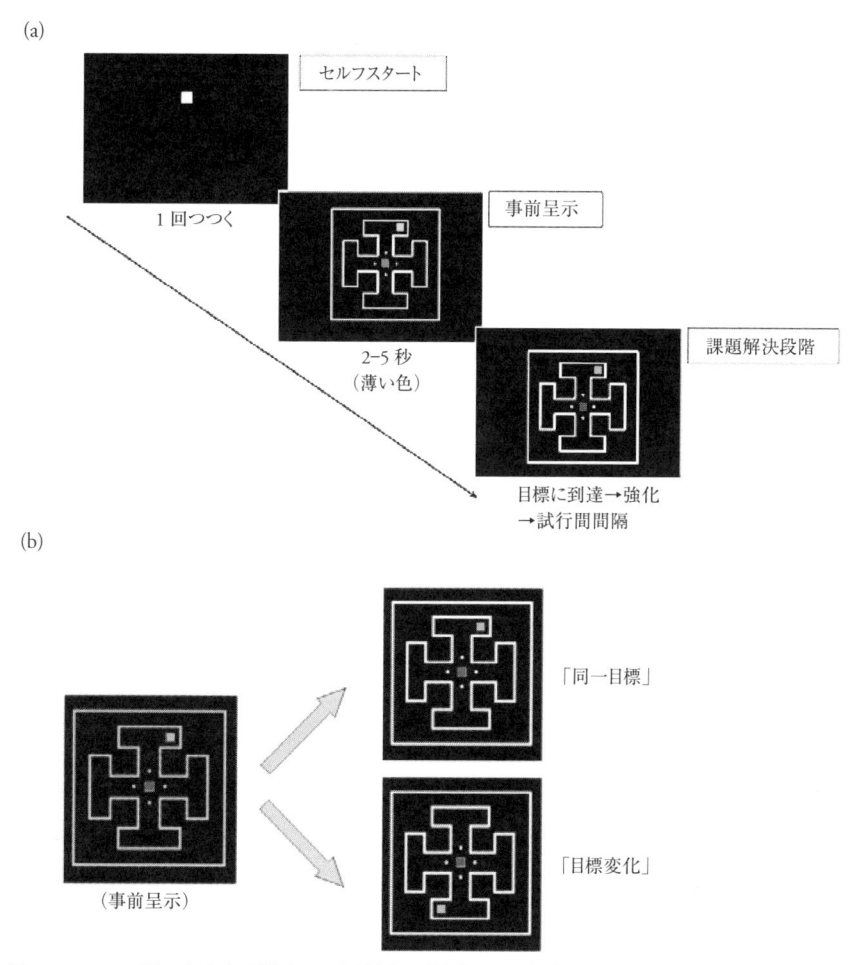

図 3-4 3-3 で用いられた刺激および手続き。(a)「同一目標」条件における試行の流れの例を示す。(b) 4 本の腕の先端がそれぞれ枝分かれした"手裏剣形迷路"と,「目標変化テスト」における 2 条件 (i.e.,「同一目標」条件および「目標変化」条件) を示す。

に画面をつつくことを許さなかった。はじめに,4 通りの目標の位置だけを訓練した。訓練する目標の位置は,上,下,左,右の各向きについて 1 通りずつを,個体ごとにランダムに選んだ。訓練において呈示された目標の位置を *familiar*,それ以外の 4 通りを *novel* と呼ぶことにする。訓練は,課題解決段階における第 1 反応の向きの正答率が,偶然レベルよりも高くなるまで,個体ご

とに基準を設定して行った（Caesar と Issa：正答率 65％以上×連続 2 セッション；Lafca：正答率 85％以上×連続 2 セッション）。

　試行の流れは，図 3-4 (a) に示したものである。はじめにハトが画面上の白色四角形（セルフスタートキー）をつつくと，事前呈示の迷路が現れた。事前呈示の段階では，迷路のすべての構成要素が薄い色（薄い赤，薄い青，または灰色）で 2 秒，3 秒，4 秒，または 5 秒間現れた。事前呈示段階の刺激の色を課題解決段階と変えることで，これらの段階の区別がつくようにした。2 章の実験とは異なり，ガイド（4 個の白色小点）も灰色で事前呈示した。訓練中には，事前呈示中の画面に反応しないようにするため，事前呈示中に反応が入ると，タイマーをリセットして待つ時間を長くした。テストセッションでは，ハトが事前呈示の時間を操作することができないように，事前呈示の時間は固定した。迷路の色が明るくなった時点から，ハトはガイドをつつくことで課題解決をはじめることができた。課題解決のはじめに標的をつつく必要はなかった。60 秒以内に標的を目標まで運ぶと，ハトは混合飼料を食べることができた。60 秒以内に目標に到達できなかった場合には，飼料を与えず，罰として黒色画面の待ち時間（タイムアウト）を課した。飼料を与えた時間は，実験期間を通して各個体の体重を一定に保つために個体によって変えたが，1.7～2.8 秒の範囲だった。タイムアウトの時間は，Caesar と Issa については訓練の正答率を上げるために 10 秒に伸ばしたが，Lafca は 10 秒にすると課題を解かなくなったため，5 秒とした。標的の第 1 移動の向きが誤っていた場合にも罰の時間を課し，同じ試行を再度繰り返した。Caesar と Issa については，第 1 移動の遂行成績を高めるために試行間間隔も 10 秒に伸ばした。訓練の最後 2 セッションとテスト中には，第 1 反応が誤っていても，同じ試行は繰り返さなかった。

目標変化テスト

　訓練の後，「目標変化テスト」（図 3-4 (b)）を行った。3-2 のテストでは課題を解いている途中で目標の位置が変化したが，ここでのテストは事前に観察していた目標の位置が迷路を解きはじめるときに変わる，というものである。1 セッションは 60 回の試行からなり，うち 48 試行がベースラインの「同一目標」条件，残りの 12 試行が「目標変化」条件のテスト試行だった。「同一目標」条件では，試行内で目標の位置は変化しなかった。「目標変化」条件では，事前呈

示段階が終了して画面が明るくなった瞬間に，目標が別の腕の先端に移動した。「目標変化」条件におけるすべての試行で，目標の位置が変化することによって，正しい第1移動の向きが変化した。8通りの目標の位置を等しい頻度で呈示したため，「同一目標」「目標変化」の両条件について，半数の試行は *novel*，残りの半数は *familiar* な目標の位置であった。目標の変化の仕方は計24通りであり，2セッションでそれぞれの目標変化を1回ずつ呈示した。この2セッションを1ブロックとし，十分なテスト試行数を得るためにテストは3ブロック（＝6セッション）行った。テスト試行を繰り返すことによる慣れの効果を減らすため，各テストブロックの間には，2セッション以上の訓練セッションを挟んだ。

2）移動の向き，反応時間と事前計画 ── 実験結果と考察

事前呈示中の画面へのつつき反応の回数は，訓練中およびテストセッションともに，CaesarとIssaでは90％以上，Lafcaでは85％以上の試行で，2セッション連続で1回以下であった。つまり，ハトは事前呈示中の迷路に触れないことをよく学習していた。「目標変化テスト」において，*novel* な目標位置については，第1移動の正答率が「目標変化」条件で「同一目標」条件よりも有意に低かった（図3-5 (a)）。個体別の分析では，CaesarとIssaで条件間に有意差が見られた（p 値が0.05未満[23]）が，Lafcaでは有意差が見られなかった[24]。「目標変化」条件における誤反応のうち，前の目標の向きへの誤反応が占める割合は平均50％で，偶然レベル（＝1/3）よりも有意に高かった（p 値が0.05未満[25]）。これらの誤反応試行において，前の目標の向きに標的を誤って動かし続けた回数は，平均1.54回だった。*familiar* な目標位置については，「目標変化」条件における第1移動の正答率は「同一目標」条件と差がなかった。しかし，「目標変化」条件における前の目標の向きへの誤反応は，平均して誤反応全体の52％を占めており，この割合は偶然レベル（＝1/3）よりも有意に高かった（p 値が0.05未満[26]）。これらの誤反応において，標的を前の目標の向きに誤って動かし続けた回数は，平均1.48回だった。これらのデータは，目標の位置が変化した直

---

[23] Fisherの直接法
[24] Fisherの直接法
[25] 1サンプルのt検定
[26] 1サンプルのt検定

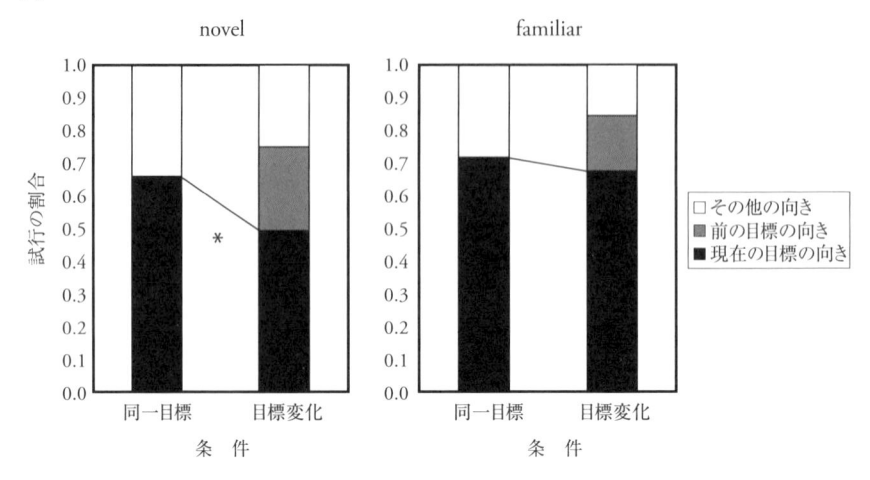

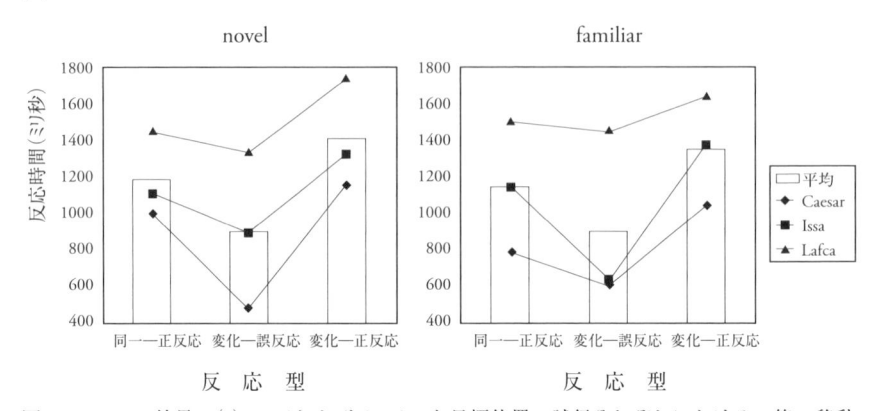

図3-5 3-3の結果。(a) novel および familiar な目標位置の試行それぞれにおける，第1移動の向きの割合。各グラフは，ハト3個体の平均を示す。アステリスクは，「同一目標」条件と「目標変化」条件の間における，正反応率の統計的な有意差を示している（*：p 値が0.05未満）。(b) 各反応型（i.e.,「同一―正反応」，「変化―誤反応」，「変化―正反応」）ごとの第1移動の反応時間を，novel および familiar な目標位置ごとに示す。

後の第1反応で，ハトがしばしば前の目標へ至る向きに誤って標的を動かしており，経路を修正する前に誤った向きに2回以上標的を動かし続けた試行もあったことを示している。またこの傾向は，novel な目標位置の試行において，familiar な目標位置の試行よりも顕著だった。

図 3-5 (b) は,「目標変化」テストにおける第 1 反応の反応時間を示している。3-2 と同様に,「その他の向き」への反応は分析から除外し,残りの試行を「同一—正反応」,「変化—誤反応」,「変化—正反応」の 3 種類の反応型に分類した。Novel な目標位置の試行では,反応型の効果が有意であった。個別の比較[27]の結果,「変化—誤反応」と「変化—正反応」,および「同一—正反応」と「変化—正反応」の間にそれぞれ有意差が見られた (p 値が 0.05 未満) が,「同一—正反応」と「変化—誤反応」の間には有意差が見られなかった。familiar な目標位置の試行では,反応型の効果が有意であった。個別の比較[28]の結果,「同一—正反応」と「変化—正反応」の間に有意差が見られた (p 値が 0.05 未満) が,「同一—正反応」と「変化—誤反応」,および「変化—誤反応」と「変化—正反応」の間には有意差が見られなかった。これは,novel および familiar 両方の目標位置の試行について,「変化—正反応」の試行における反応時間が,他の反応型の試行における反応時間よりも一貫して長くなる傾向にあることを示している。

　これらの結果は,ハトがどちらの向きに向かうかを迷路の事前呈示中にプランニングしているという仮説を支持するものだと考えられる。3-2 の「目標変化テスト 1」と同様に,「目標変化」条件では誤った反応と正しい反応がともに存在しており,それぞれがレベル 1 (プランニングしているが,行動調整ができない) およびレベル 2 (プランニングしており,行動調整もできている) のプランニングを示唆している。しかし,familiar な目標位置の試行では,novel な目標位置の試行よりもデータの傾向が弱かった。このことは,familiar な目標位置の試行では同一の課題を長く繰り返し訓練したために,ハトが事前呈示中の迷路にあまり注意を払わなくなっていたことを示唆している可能性がある。

3-4 ハトの短期的計画能力とその進化

　第 3 章における 2 実験の結果は,ハトが自身の将来における行動をプラン

---

[27] 対応のあるサンプルの t 検定
[28] 対応のあるサンプルの t 検定

ニングしている可能性を明白に示唆している。3-2 では，標的が迷路中央に来たときに目標が別の腕の先端に移動した直後，ハトは高頻度で標的を前の目標の向きに誤って動かした。また，正しく行動を調整した試行も見られた。よく訓練された既知の標的—目標の位置の組み合わせについては，標的が迷路中央の1〜2手手前で目標の位置が変化したときにも，類似した傾向が見られた。3-3 では，事前呈示段階から課題解決段階に移行した瞬間に目標の位置が別の腕の先端に変化した状況で，ハトは直後の第1移動でしばしば標的を前の目標の向きに誤って動かした。また，正しく第1反応を調整した試行も見られた。これらの結果は，第2章でえられた結果と矛盾せず，ハトにおけるプランニング能力をさらに強く示唆する証拠だと考えられる。ハトが将来の行動を計画するという明白な証拠はこれまでになかったため，今回のデータはそれをはじめて示したものと位置づけられる。

　この結論に対する反論のひとつとして，3-2，3-3 両方で見られた「変化—誤反応」試行は，ハトが目標の位置が変化したことに気付いていなかったからではないかという議論が考えられる。たしかに，このように刺激に対して一時的に注意が向けられなかったという可能性はあるかもしれないが，それはすなわちハトが目標の位置が変化する前に次に取る手をプランニングしている（レベル1：プランニングしているが，行動調整ができない）ことを示唆するものだと思われる。もしハトが将来の行動をまったく計画していなければ（レベル0），前の目標の向きへの誤反応が，複数のテストを通して高い割合で見られることはないだろう。

　別の批判として，本研究は動物における多くのプランニング研究（分，時間，日単位）と比較して，ずっと短い時間単位（数秒単位）における心的過程を検討しているのではないかという議論も考えられる。しかしながら，少なくともヒトにおいては，プランニングはこれらすべての時間単位においてなされうるものだろう。実際，ヒト以外の霊長類における研究を見ても，著者の研究と類似した短期的なプランニングの証拠を示したものがある。Biro and Matsuzawa (1999) や Mushiake et al. (2006) は，そうした研究の好例である。したがって，カラス科ではない鳥類のハトが，霊長類と同様に，秒単位の短期的なプランニングをしていると論じることは理にかなったものであろう。

また，感覚運動過程，立て続けの反応を止められないこと，あるいはルール学習や刺激般化といった，心的表象や認知的な過程としてのプランニングを排除した単純な連合モデルによってハトの行動が説明できるという反論もあるかもしれない。たしかに，こうした「単純な」説明は，完全には排除しがたい可能性がある（コラム2参照）。しかしながら，以下に挙げる各論点は，ハトが本章の課題でプランニングをしているという見方を支持するものだと考えられる。(1) 本研究の前に，ハトはすでに数多くの標的—目標の位置の組み合わせと，それらの間に置かれた種々の棒を経験していた。新たな課題を解いたときでさえ，多くの場合で効率よく課題を解くことに成功した。単につつき反応を立て続けに入れることで空間移動課題を遂行するといった単純な過程では，これほど優れた課題遂行はできなかっただろうと思われる。(2) 3-2, 3-3 ともに，よく訓練していない未知の課題についても，よく訓練していた既知の課題と類似した（3-2「目標変化テスト1」）またはより強い（3-3「目標変化テスト」）プランニングの証拠が得られた。これは，ハトが認知的なプランニングをしているという見方を支持するものである。(3) 3-2, 3-3 ともに，「変化―正反応」試行で反応時間が長くなる傾向が一貫して見られた。これは，上述のような単純なモデルでは説明が難しいものだと思われる。(4) 3-2「目標変化テスト1」において，ハトは迷路中央で，それまでの一連の運動の向きを90度変えることによって，前の目標の向きへの誤反応をした。このことはハトが，目標位置の変化前にしていた反応と同じ向きに標的を動かし続けるという，単純な規則にしたがって誤反応をしたわけではないことを示唆している。したがって，感覚運動過程や立て続けの反応を止められないことといった単純な説明は，本研究におけるハトのナビゲーション行動に対する解釈として適切ではないと思われる。(5) 3-2, 3-3 両方において，目標の位置が変化した後で前の目標の向きに誤って標的を動かしてしまった際に，ハトは遅かれ早かれ経路を正しく修正することができた。これは，誤った反応をした後で経路を修正する，ハトの行動の柔軟性を示すものであり，ハトが一連の問題を解く際に，認知的な過程を用いていた可能性を支持するものと考えられる。

　神経解剖学からの知見から，前脳のサイズと，霊長類の前頭前野皮質と機能的に等価と考えられている巣外套の前脳に対する相対的なサイズは，鳥類の中

ではカラス科の種においてとくに際立って大きいことが知られている。これらに基づいて，カラス科の種は，しばしば「賢い」トリとみなされる（Clayton et al., 2003; Emery and Clayton, 2004）。行動実験からも，カラス科の鳥類において洞察（Heinrich, 2000）やエピソード記憶的記憶（Clayton and Dickinson, 1998），社会的文脈での推移的推論（Paz-y-Miño et al., 2004）といった，高い知性を示唆する認知能力についての報告が近年多くなされてきている。その文脈では，ハトは「普通の」トリとみなしうるかもしれない。それゆえ，本研究の結論が正しいと仮定すると，ハトが少なくとも短期的に「将来のことを考えている」可能性を示唆する本研究結果は，プランニングのような高次な心的能力が，これまで考えられてきた以上に鳥類全般，ひいては動物界全体に広く共有されている可能性を示唆していると考えられる。さらに進んで論じると，プランニング能力の進化的起源は，鳥類の祖先である爬虫類と哺乳類とが分岐した，3億年前以前まで遡るのかもしれない。

　本章のデータは，ハトにおけるプランニング能力の限界をも示唆するものである。3-2におけるハトのプランニングは，せいぜい先の1手までに限られると思われ，それ以上については，時には先の2手までおよぶ場合もあるというやや弱い示唆を得るにとどまった。これは，飛翔のために脳重量を軽くする必要性（Fujita and Ushitani, 2005; 清水, 2000）と，効率的な認知処理との間の「妥協点」であるのかもしれない。おそらくハトにとっては，先の1手をプランニングすることが，まったくプランニングしないよりはずっと有益なのだろうと思われる。ただ，短期的には限られた手数しかプランニングしていないとしても，ハトが離れた位置にある目標に到達するためにより長期的な心的方策をも用いていることはあるかもしれない。第4章では，第3章よりも長期的なハトの経路選択の方略を検討するために，複数の目標を順に訪れる課題による実験を行う。

コラム2　行動データの解釈

　本章の研究だけなく，本書で紹介したこの分野の動物実験では，得られた結果について様々な解釈の可能性を検討し，証明したい心的過程以外の解釈ができる可能性を排除するための実験や考察をいくつも積み重ねている。どうして，このようなことが必要になるのだろうか。それは，「当該の行動が低次の心的な能力によって説明可能な場合には，より高次の心的な能力によって解釈してはならない」という原則が行動研究にあるためである。この原則は，「モーガンの公準」と呼ばれる。20世紀初頭の比較心理学では，動物の行動に擬人主義的な解釈を自由に当てはめる流れがあり，心理学者のモーガンはそれを過剰な解釈として批判したのである。時代が移り，動物の社会性やメタ認知といった高次な心的過程が論じられるようになった現代でも，やはり個別の実験研究の解釈は，このような節約の原理を基礎にしていると思われる。

　行動を詳しく調べても，動物が実際にどのような内的な過程を使っているのか，それは目に見えないものであり，実は最終的には分からない。脳の構造や機能を調べることについても，それは同様である。研究者ができるのは，考え

図　考えるハト!?

られる，調べられる限りの範囲で，解釈の可能性を論理的に詰めていくことだけだ。本書でも実験結果の考察では「〜の可能性を示唆している」「〜という考えと矛盾しない」といった表現を使い，解釈を断定することには慎重な姿勢を取っている場合が多いが，それはこうした理由による。だがそれならば，行動解釈の公準そのものも，学術的な時代状況の中で相対的に変化してもよいのではないだろうか。たとえば，動物実験の研究者だけではなく，専門外の人をも対象に，当該の研究結果をどう解釈すべきかについてのメタ調査を行う。そして，多くの人が妥当と判断する解釈を，その時点での解釈として操作的に適用する。こうした行動解釈の原理を「感覚性原理」のように呼ぶのはどうだろう。このような間主観性すなわち主観の共有に基づく考えは，脆弱であると批判されるかもしれないが，しかし人の実感に合った議論につながる。実証科学としての堅実性を保ちつつも，生身の感受性に寄り添う，そのようなこころ研究の方向を探ることはできないだろうか。

第4章

道順計画：複数地点を訪れるハトの経路選択

4-1 巡回セールスマン問題と動物の道順選択

　第3章では，ハトが迷路課題を解いている途中や解きはじめる前に，次の1〜数手の向きをプランニングしている可能性を示した。これは，ハトがナビゲーション行動において，数秒以内の時間単位でごく短期的な先読みをしていたことを示唆している。しかし，こうした大変短い時間の先読みだけでは，ハトのプランニングのごく限られた側面しか捉えたことにならないだろう。複数の目標が標的の開始位置から比較的離れた場所に置かれているような場合には，ハトは短期的な先読みだけではなく，どのような経路をとるかについて数十秒以上の時間単位でより長期的な計画もしている可能性がある。つまり，遠く離れた目標を訪れる際に，個々の運動の向きをすべて事前に決定しているわけではないが，少なくとも訪れる目標の順序を含めておおまかな経路は事前に決めているかもしれない。このように，同じ課題の中でも，ごく短期的な先読みとより長期的な経路計画という，プランニングの階層性が見られる可能性がある。複数の目標を設けたナビゲーション課題を用いることで，このうちの長期的な経路計画を検討できると考えられる。そこで本章では，前章までで用いた液晶モニター上のナビゲーション（空間移動）課題を応用して，ハトに複数の目標を順に訪れる課題を課し，経路選択を検討する（Miyata and Fujita, 2010; 2011b）。

　効率の良い経路を選んで複数の地点を訪れる能力は，ヒトのみならずヒト以外の動物においても日常生活で重要な役割を果たしていると思われる。採食場面で，動物がいくつかの餌場を順に回るときには，効率の悪い経路を選択する

と，採食時間が長くなり，採食に要するエネルギーの損失や捕食されるリスクの増大につながるはずだ（たとえば Gibson et al., 2007）。このような問題は，「巡回セールスマン問題（traveling salesperson problem）」として議論されてきた。巡回セールスマン問題とは，たとえばあるセールスマンがいくつかの都市を1回ずつ訪問して元の場所に戻ってくるときに，各都市をどの順序で訪れると移動距離が最短になるかを求めるという問題である。数学やコンピュータシミュレーションの領域で，解の最適化を考える素材として多くの理論研究がなされてきた（たとえば Junger et al., 1997; Lawler et al., 1986; 山本・久保，1997）。巡回セールスマン問題は，巡回する地点の数が増加するにつれて可能な解決法の数が急激に増加するため，非常に難しい問題とされており，コンピュータの性能を試す方法としてもしばしば用いられてきた。また，数学的研究より頻度は低いものの，巡回セールスマン問題に相当する経路選択場面を表した認知課題で，ヒトがどのような方略を用いるかの研究もなされている。それらの研究では，ヒトは刺激の全体的な空間配置に対する知覚に基づいて効率的な解法を選択することが示唆されている（たとえば MacGregor and Ormerod, 1996; MacGregor et al., 1999, 2000）。今後は，ヒト以外の動物をも対象とした実証的な研究がより多く必要だろう。上述のように，効率的な経路を選択する能力は，ヒト以外の動物にとって重要だと思われるからである。

　巡回セールスマン問題と同様の状況において効率的な経路を選択する能力は，多様な種において重要だと思われるが，これまでのところヒト以外の動物で巡回セールスマン問題に相当する場面での空間的行動を検討した研究は非常に少ない。数少ない知見のひとつとして，Menzel（1973）はチンパンジーにおける空間的行動を検討した。若いチンパンジー1個体が，大きな実験場の中を実験者に連れられて歩き回った。その間，第2の実験者がかれらに同伴して歩き，実験場内の18ヶ所に食物を隠した。実験個体のチンパンジーは，食物が隠されるところを観察していた。すべての食物を隠し終わった後で，実験個体のチンパンジーと，食物が隠されるところを見ていない別のチンパンジー5個体が実験場内に放され，食物を集めて回ることを許された。食物の隠し場所を知らされた実験個体の若いチンパンジーは，実験者が食物を隠した場所を正しく探索する傾向を示した。さらに，この実験個体が取った経路は，実験者が食

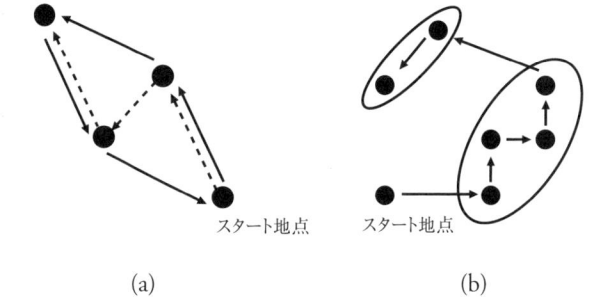

第 4 章　道順計画：複数地点を訪れるハトの経路選択

(a)	(b)
スタート地点	スタート地点

図 4-1　Gallistel and Cramer（1996）がベルベットモンキーに課した巡回セールスマン課題の例。(a) ひし形に配置された餌場を巡回する課題。実線が出発地点に戻る場合，点線が戻らない場合の最短経路を示す。(b) 多数の餌場と少数の餌場がそれぞれ大きさの異なる群を形成した空間移動課題（4-5 参照）。

物を隠す際に取った経路よりも移動距離の合計が短い，効率的なものであった。

　Gallistel and Cramer（1996）は，ベルベットモンキー（*Chlorocebus aethiops*）の経路選択を，ひし形をなす4つの目標位置に隠された食物を手に入れる課題によって検討した（図4-1 (a)）。開始地点は，ひし形の4頂点の1つであった。第1条件では，3ヶ所の目標すべてを訪れて，開始地点に戻る必要があった。この場合の最短経路は，ひし形の辺に沿って順に回っていくものであった。第2条件では，3ヶ所の目標をすべて訪れる必要があったが，開始地点に戻る必要がなかった。この場合の最短経路は，ひし形の内部を横切る道を含んでいた。ベルベットモンキーは，第1条件ではひし形の辺に沿って巡回したが，第2条件ではひし形の内部を横切る経路をとる傾向を示した。これらの報告は，複数の霊長類種が，効率的な経路を選択する能力を持っていることを示唆している。

　一方，鳥類では著者の知る限り，Gibson et al.（2007）がコンピュータ画面を使った実験室環境で巡回セールスマン課題の遂行を検討した唯一の研究である。この研究では，ハトとヒトに，コンピュータの画面上に3個，4個，または5個の同一の刺激を呈示する方式の巡回セールスマン課題を多数課した。ハトとヒトは，画面上のランダムな位置に置かれた刺激（小点）をつつくまたは指で触ることで，できるだけ効率的な経路になるよう，反応する刺激の順序を自ら決めながら課題を解くことを求められた。ハトとヒトが選択した経路は，

ランダムに経路を選んだ場合[29]よりも有意に効率の良いものであった。ただし，ハトが選択した経路はヒトよりも効率が悪く，「至近点選択方略」（各地点において，最も近い位置にある刺激を次に選択する方略）と比較しても効率が悪かった。これは，ハトが空間内に分散して配置された複数の刺激を順につつく際に，少なくともランダムな順序で反応するよりは効率の良い方略をとっていることを示唆していると思われる。

　Gibson et al. (2007) を踏まえ，本書で用いているナビゲーション課題によってハトの巡回セールスマン課題遂行を検討することには，以下ような新たな意義があると考えられる。第1に，Gibson et al. (2007) の強みは，毎試行ランダム化した非常に多様な刺激配列を使って，ハトの課題遂行を検討したことだと思われる。それに対して，本書の研究ではより体系的な方法を使い，限られた刺激配列の特定の点だけをテストごとに変えていくことで，それらがハトの課題遂行にどのような役割を果たしているかを検討した。このような分析は，Gibson et al. (2007) でも多様な刺激配列から特定のものを抽出すれば可能だったと考えられるが，Gibson et al. (2007) では報告されていない。第2に，Gibson et al. (2007) はコンピュータ画面上に複数の刺激を呈示し，ハトに自由な順序でそれらをつついていくことを許した。実験中は，ハトの頭部の位置が刺激から刺激へと動くだけだった。自然界での巡回セールスマン問題に相当する状況では，動物は通常は空間内をみずから移動し，複数の目標地点を訪れる。そのためこうした課題は，巡回セールスマン問題の場面をよく表したものとはいい難いように思われる。本書のナビゲーション課題では，標的刺激を固定された位置に呈示し，ハトのつつき反応に応じてそれが液晶画面上でアニメーションを描いて「巡回して」いる。これは，実際の3次元空間におけるナビゲーションおよび巡回セールスマン問題に相当する仮想的場面を，よりよく実現していると思われる。第3に，本書の課題では画面上で標的を1回ずつ順序立てて動かしていく必要がある。そのため，実空間での課題とは異なり，動物の課題遂行を自動化された方法で体系的に分析することができる。

　第4章の目的は，前章までで確立したコンピュータ画面上でのナビゲーショ

---

[29] モンテカルロモデルを用いたシミュレーション

ン課題を使って，ハトが複数の目標を設けた巡回セールスマン課題を解くことができるか，またどのような方略によって課題を解くかを検討することである。具体的には，ハトの経路選択方略として，「移動距離を最短にする」「現在地点から最も近い目標を訪れる」「互いに隣接して群を形成した目標を最初に訪れる」等が見られ，かつそれらが刺激配置に応じて柔軟に変化することを予想した。こうした方略はいずれも，目標をランダム順に訪れる場合にくらべると効率性が高く適応的な方略とみなせる。これらを順次検証するため，はじめに2個の目標を設けた単純な課題を課し，次に目標の数を3個に増やし，目標の配置をテストごとに変える。

4-2 | 2個の目標はどの順で訪れるか

　はじめに，ハトが2個の目標を設けた単純な巡回セールスマン課題を液晶画面上で解くことができるか，また解けるとすると，どのような経路選択方略をとるかを検討する。2個の目標に順に到達する必要があるが，出発地点に戻る必要はない巡回セールスマン課題をハトに課す。たとえば，最初に近いほうの目標を訪れ，次に遠いほうの目標を訪れるといった，効率の良い経路選択方略が見られる可能性がある。

1) 参加したハトと実験手続き

　第3章と同じハト3個体（Caesar，Issa，Lafca）に加え，心理学実験の経験があるオスのハト1個体（Nirgili）が新たに参加した。第4章の実験開始時点で，Caesarは11歳，IssaとLafcaは6歳，Nirgiliは5歳だった。実験刺激の構成要素は，第2章・第3章と同じ外枠，標的，目標，ガイドだった。本章のすべての実験で，ハトがすでによく訓練されていたナビゲーション（空間移動）課題を用いた。Nirgiliについては，第2章と同じ方法でナビゲーション行動を訓練した後，テストを行った。

　試行の流れは，図4-2に示したものである。3秒間の黒色画面（試行間間隔）の後，画面上に白色正方形（セルフスタートキー）が現れた。ハトがキーをつつ

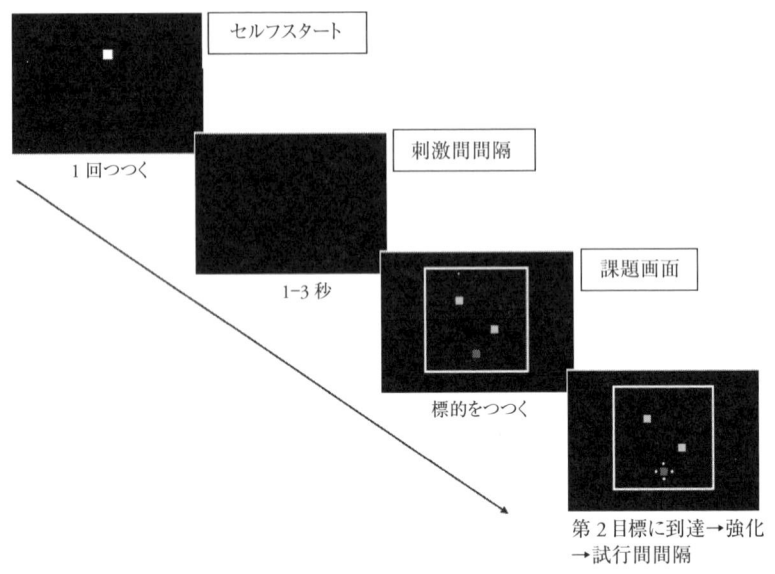

図 4-2　4-2 のテストセッションにおける試行の流れ。

くと，1〜3 秒間の黒色画面（刺激間間隔）に移行した。黒色画面の間は，画面に反応が入るとタイマーがリセットされ，待ち時間が長くなった。その後，課題の画面が現れた。課題の呈示後，一定時間（Caesar：3 秒；Issa と Nirgili：4 秒または 10 秒；Lafca：6 秒または 10 秒）以内に標的に反応しなかった場合には，課題が消えて，再び同じ試行のはじめに戻った。標的がすべての目標に到達すると，課題の画面が消え，グレインホッパーが上がって，ハトは穀物飼料を 1.7〜3.5 秒間食べることができた。第 3 章と同様に，できる限り短い時間で課題を解こうとするハトの動機づけを高めるため，飼料を与える時間に 1 秒間の傾斜をつけた。つまり，早く課題を解いた場合ほど，長い時間飼料を与えた。たとえば，5 秒で課題を解いた場合の飼料呈示時間が 3.5 秒，20 秒で課題を解いた場合のそれが 2.5 秒，といった方式である。これらのテストでは，ハトができる限り効率的な経路をとって早く課題を解こうとすることが重要だと考えられる。ハトが 90 秒以内に課題を解けなかった場合には，課題を消し，罰として 5 秒間の黒色画面の待ち時間（タイムアウト）を課した。

目標2個の巡回セールスマン課題

巡回セールスマン課題によるテストを行う前に，標的を同一方向（上→下，下→上，右→左，左→右のいずれか）に6回移動して目標に到達するナビゲーション課題を，一定期間訓練した。この予備訓練の後，ハトに2個の目標を設けた巡回セールスマン課題（口絵3 (A) (B)，図4-2）を課した。標的の開始位置は上，下，左，右の4通りのいずれかで，それぞれ枠内の中央の位置から3回の移動分だけ離れた位置だった。口絵3 (B) に示したように，時計回り順にG1, G2と名付けた2個の目標を，それぞれ外枠内部の12通りの位置のいずれかに置いた。したがって，合計12 (G1)×12 (G2)×4 (標的)＝576通りの課題があった。標的から各目標までの最小移動回数は，2〜7回だった。ハトは，訪れる目標の順序（G1→G2 または G2→G1）をそれぞれの試行内で自由に決めることができた。目標に到達したあとで標的を開始位置まで再び戻す必要はなく，各試行における第2番目の目標に到達した直後に穀物飼料を与えた。各試行における第1番目の目標に到達した際には，その目標が画面から消えたが，それ以外は何も起こらなかった。1セッションは48回の試行からなっており，標的とG1, G2の位置の組み合わせをそれぞれ1回だけ呈示したため，テストは12セッションで行った。

2) 近い目標を最初に訪れる ── 実験結果と考察

ハト4個体のすべてがテスト12セッションを遂行し，90秒以内に解決できなかった試行は，Nirgiliの4試行（分析から除外）のみだった。課題解決時間，すなわちガイドがはじめて出現した時点から，標的が第2番目の目標に到達した時点までの時間は，平均14.0秒（Caesar, Issa, Lafca, Nirgiliの平均；以下同様）だった。課題を完遂するのに要した標的の移動回数の平均値は，9.77回だった。ハトがどのような経路をとったか検討するために，各個体がG1, G2のうちの近い方をはじめに訪れ，次に遠い方を訪れた割合を分析した。G1とG2が標的の開始位置から等距離にあった試行は，テスト試行の9.7%を占めていたが，これらは分析から除外した。残りの試行について，ハトが第1番目に近いほうの目標を訪れ，第2番目に遠いほうの目標を訪れた試行の数を表4-1に示す。テスト期間全体を通しての方略と，課題をはじめて解いた際の方略に違いがあるを検討するため，全テストセッションの合計，および第1テストセッ

表 4-1 目標 2 個の巡回セールスマン課題 (4-2) で,近い方の目標を最初に訪れた試行数

ハト	全テストセッション		第 1 テストセッション	
	全試行数	近い目標を最初に訪れた試行数	全試行数	近い目標を最初に訪れた試行数
Caesar	520	420***	45	36***
Issa	520	428***	45	36***
Lafca	520	386***	43	32**
Nirgili	516	367***	45	36***

** $p<.01$. *** $p<.001$. (統計的に意味のある差が確認された) (1/2 二項検定)

ションのデータを分析した。これらの両方について,すべてのハトで割合は偶然レベル (50%) より有意に高かった[30]。

これらの結果は,ハトは 2 個の目標を設けた巡回セールスマン課題をはじめて解いたときに,ナビゲーション行動に多少の冗長さはあるものの,課題を遂行できたことを示している。このことは,このナビゲーション課題によって巡回セールスマン課題遂行を検討することの方法論的な妥当性を示している。さらにハトは,初めのセッションからテスト全体を通して,はじめに近いほうの目標を訪れ,次に遠いほうの目標を訪れるという,効率の良い経路を高い割合で取った。しかし目標が 2 個だけでは,ハトの経路選択が,最も近くにある目標を訪れる局所的方略によるのか,複数の目標配置を考慮したより全体的方略による可能性があるのかが明らかでない。複数の目標を設けた巡回セールスマン課題におけるハトの経路選択方略をさらに明らかにするには,より多くの目標を設けた多様な課題を課す必要がある。そこで 4-3 では,目標の数を 2 個から 3 個に増やす。

4-3 | 3 個の目標をいかに効率的に巡回するか

4-2 の結果は,ハトが少なくとも目標数が 2 個の巡回セールスマン課題を,効率の良い近道の経路を選択して解くことができることを示唆している。4-3

---

[30] 1/2 二項検定

では，目標の数を2個から3個に増やし，課題をより複雑にすることでハトの経路選択方略をさらに検討する。目標3個の課題では，目標2個の場合よりも多様な目標と標的の配置のしかたが考えられるが，ここではその第1段階として，3個の目標と標的の開始位置がそれぞれ四角形の頂点をなすような配置にする。ハトがこれらの課題を解くことができるか，また解けるとすると，どのような経路選択方略をとるか検討する。

1) 実験手続き

参加したハトは，4-2と同じである。実験刺激の構成要素は4-2と同じであったが，1試行内で3個の同一の目標を用いた。手続きは，以下の点が4-2と異なっていた。口絵3(A)に示したように，時計回り順にそれぞれG1，G2，G3と番号をつけた3個の目標を，それぞれ6通りの位置のいずれかに置いた。口絵3(B)にある通り，それぞれの目標を置きうる領域は3×2または2×3ブロックの長方形をなしており，こられの領域は相互に重複していなかった。標的の開始位置から目標までの最小移動回数はそれぞれ，G1：4～7回；G2：5～7回；G3：4～7回であった。ハトは，各目標を訪れる6通りの順序（G1→G2→G3，G1→G3→G2，G2→G1→G3，G2→G3→G1，G3→G1→G2，およびG3→G2→G1）のどれでも自由に取ることができた。各試行においてハトが第1番目と第2番目の目標に到達した際には，条件性強化子としてフィーダーに設置された豆電球が1秒間光った。第3番目の目標に到達した直後に，穀物飼料を与えた。合計6(G1)×6(G2)×6(G3)×4(標的)=864通りの課題があり，テストセッションではこれらを1回ずつ呈示した。1セッションは54回の試行とし，16セッションでテストを行った。

2) 効率良く目標を巡回する —— 実験結果と考察

CaesarとIssaはテスト16セッションをすべて遂行した。Lafcaは3セッションを遂行した後に課題を解かなくなったため，これらのセッション（162試行）のデータだけを分析した。Nirgiliも第3セッションの途中で課題を解かなくなったため，完遂した136試行のみを分析した。ハトが制限時間の90秒以内に課題を解けなかった試行数は，Caesar：0；Issa：5；Lafca：12；Nirgili：8で

あり，CaesarとIssaではテストセッション全体の1％未満，LafcaとNirgiliでは分析対象とした試行のそれぞれ7％，6％だった。これらの不正解試行を除外したところ，課題解決時間は平均29.2秒（4個体の平均），課題遂行に要した標的の移動回数は平均18.48回だった。

　はじめに，ハトが3個の目標のうち，標的の開始位置から最も近い位置にある目標を最初に訪れた割合を分析した。この分析は，標的の開始位置から各目標（G1，G2，G3）までの距離が互いにそれぞれ異なっている試行についてのみ行った。分析対象とした試行は，Caesar，Issa，Lafcaではテスト試行の73％，Nirgiliでは71％だった。少なくとも1つの目標を訪れていた限り，不正解試行も含めて分析した。最も近い目標に最初に到達した割合は，それぞれCaesar：52％；Issa：54％；Lafca：59％；Nirgili：32％で，Caesar，Issa，Lafcaでは偶然レベル（＝1/3）よりも有意に高かった（p値が0.001未満[31]）。Nirgiliについては，偶然レベルとの有意差が見られなかった。すなわち，ハト4個体中3個体が，最も近い位置にある目標をはじめに訪れる傾向を示していた。

　表4-2に，各個体が6通りの巡回経路（G1→G2→G3，G1→G3→G2，他）のそれぞれを選択した試行数を，すべてのテストセッションと第1テストセッションの両方について示している。これらの巡回経路それぞれを選択する割合の偶然レベルはすべて1/6とみなし，各経路を選択した割合をそれぞれ偶然レベルと比較した[32]。不正解試行は，この分析からは除外した。表に示すように，全テストセッションのデータでは，Caesar，Issa，Lafcaで，G3→G2→G1を選択した割合が偶然レベルより有意に高かった。また，Lafca，Nirgiliでは，G1→G2→G3を選択した割合が偶然レベルより有意に高かった。その他の巡回経路を選択した割合は，偶然レベルと変わらないか，偶然レベルより有意に低かった。第1セッションについてのデータも，類似した傾向を示した。すなわち，偶然レベルより選択した割合の高かった経路は，Caesar，Issa，LafcaではG3→G2→G1，NirgiliではG1→G2→G3だった。これらのデータは，ハトが反時計回りないしは時計回りの巡回経路を，初めのセッションからテスト全体を通して，高い割合で取る傾向にあったことを示している。

31）1/3 二項検定

32）1/3 二項検定

第 4 章　道順計画：複数地点を訪れるハトの経路選択

表 4-2　目標 3 個の巡回セールスマン課題（四角形配置）（4-3）で，各巡回経路を選択した試行数

ハト	巡回経路	全テストセッション		第 1 テストセッション	
		偶然レベルの試行数	実際の試行数	偶然レベルの試行数	実際の試行数
Caesar	G1 → G2 → G3	144.0	146	9.0	6
	G1 → G3 → G2		110**		3*
	G2 → G1 → G3		105***		11
	G2 → G3 → G1		75***		9
	G3 → G1 → G2		98***		2**
	G3 → G2 → G1		330***		23***
Issa	G1 → G2 → G3	143.2	126	9.0	9
	G1 → G3 → G2		108***		11
	G2 → G1 → G3		92***		4*
	G2 → G3 → G1		66***		4*
	G3 → G1 → G2		87***		6
	G3 → G2 → G1		380***		20**
Lafca	G1 → G2 → G3	25.0	39**	9.0	13
	G1 → G3 → G2		21		7
	G2 → G1 → G3		18		11
	G2 → G3 → G1		17*		5
	G3 → G1 → G2		14**		3*
	G3 → G2 → G1		41**		15*
Nirgili	G1 → G2 → G3	21.3	31*	9.0	15*
	G1 → G3 → G2		17		5
	G2 → G1 → G3		17		10
	G2 → G3 → G1		20		5
	G3 → G1 → G2		18		8
	G3 → G2 → G1		25		11

* $p<.05$. ** $p<.01$. *** $p<.001$.（統計的に意味のある差が確認された）（1/6 二項検定）

　ハトが使っていた可能性のある方略のひとつに，「至近点選択方略」，すなわち，1 番近くにある目標を最初に訪れ，次に，訪れていない目標の中で 1 番近くにある目標を探して訪れる，というものが考えられる。この方略と合致する巡回経路を選択した割合は，Caesar：27％；Issa：24％；Lafca：30％；Nirgili：25％であった。864 通りの課題すべてについて，6 通りの巡回経路の移動距離をそれぞれ算出したところ，「至近点選択方略」に合致する経路を選択する割

83

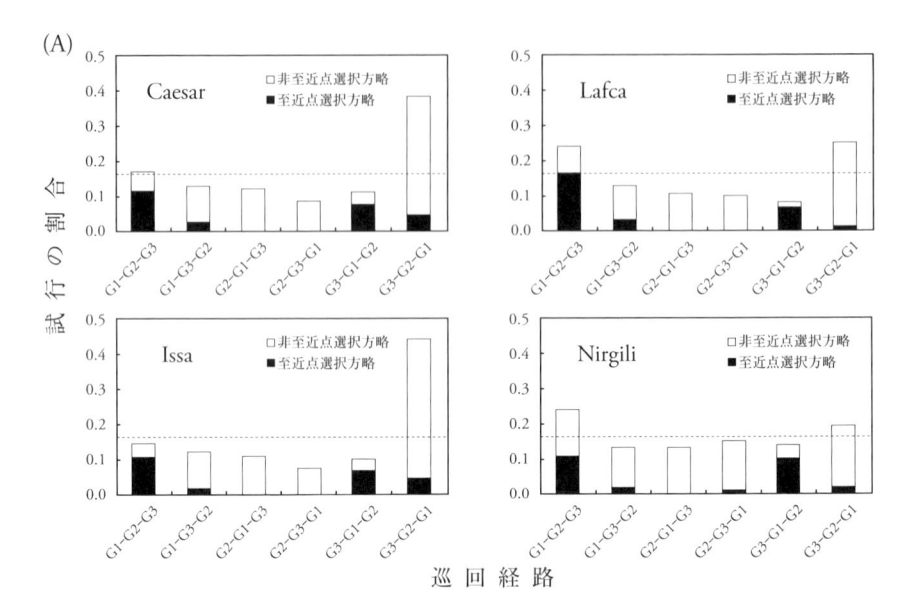

図4-3(A) 目標3個の巡回セールスマン課題(四角形配置)(4-3)において,各巡回経路(訪れる目標の順序)を選択した試行の割合。「至近点選択方略」(黒)は,各地点で次に1番近い位置にある目標を訪れる方略に合致する試行を示す。「非至近点選択方略」(白)は,その方略に合致しない試行を示す。点線は,各巡回経路を選択する割合の偶然レベル(=1/6)を示す。

合の偶然レベルは21％だった。Caesar(p 値が 0.001 未満[33])と Lafca(p が 0.05 未満[34])については,「至近点選択方略」を偶然レベルより高い割合で使う傾向が見られた。ハトが,どの巡回経路を選んだときにもこの方略を同じように使っていたのかを検討するため,各個体について巡回経路ごとに「至近点選択方略」と合致していた試行の割合を分析した(図4-3(A))。図の棒グラフにおける棒の高さが,各巡回経路についての選択割合を示している。図から明らかなように,この方略に合致していた試行の割合は,巡回経路によって異なっていた。2つの「円く回る」経路を直接比較したところ,すべてのハトについて,G1→G2→G3(時計回り)を選択した際のほうが,G3→G2→G1(反時計回り)

---

33) 二項検定
34) 二項検定

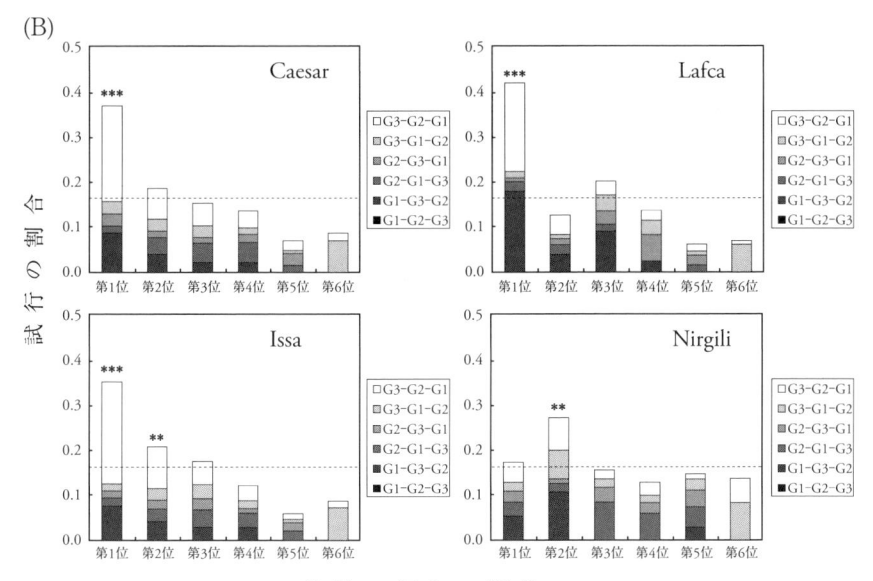

図4-3(B) 経路の短さの順位，すなわち合計移動距離が最も短い（第1位）経路から最も長い（第6位）経路までの順を，各巡回経路の選択割合とともに示す。点線は，各順位についての割合の偶然レベル（= 1/6）を示す。アスタリスクは，偶然レベルよりも有意に高い割合を示している。
$**p < .01$. $***p < .001$（統計的に意味のある差が確認された）（1/6 二項検定）

を選択した際よりも，「至近点選択方略」と合致する試行の割合が高かった（Caesar, Issa, Lafca：p 値が 0.001 未満；Nirgili：p 値が 0.01 未満[35]）。このことは，ハトは「円く回る」経路をしばしば選んでいたものの，それは必ずしも「至近点選択方略」と一致する方略だったわけではないことを示唆している。

では，ハトの選択した経路は効率の良いものだったといえるのだろうか。そこで次に，6通りの巡回経路に順位づけを行った。すなわち，各試行における6通りの巡回経路を，刺激間の合計距離（標的→第1番目の目標，第1番目の目標→第2番目の目標，第2番目の目標→第3番目の目標，のそれぞれの距離の総和）に基づいて，短い順から長い順にそれぞれ1～6位とした。不正解試行は分析

---

35) Fisher の直接法

から除外した。ハトが選択した経路の平均順位は，2.65位（4個体の平均）だった。図4-3（B）に，それぞれの順位すなわち第1位から第6位までの試行の割合を示している。各個体について，それぞれの順位の試行割合を偶然レベル（＝1/6）と比較した[36]。図に示すように，Caesar, Issa, Lafcaでは第1位の割合が偶然レベルよりも有意に高かった。IssaとNirgiliでは，第2位の割合が偶然レベルよりも有意に高かった。各個体のそれ以外の順位の試行割合は，偶然レベルと差がないか，偶然レベルよりも有意に低かった。「円く回る」経路（G1 → G2 → G3とG3 → G2 → G1の和）の試行割合は，Caesarでは第1位の試行の81%，Lafcaでは第1位の試行の84%を占めていた。Issaでは，「円く回る」経路の割合は，第1位の試行の87%，第2位の試行の61%を占めていた。Nirgiliでは，これらの経路の割合は，第1位の試行の74%，第2位の試行の67%を占めていた。これらから，ハトは「円く回る」経路をとることによって，移動回数が短く効率性の高い経路選択をしたと考えられる。

　以上の分析結果を総合すると，第1に，ハトは4-2と同様に，最も近くにある目標を最初に訪れる傾向を示した。しかし第2に，ハトはこれらの目標3個の巡回セールスマン課題を解く際に，より進んだ経路選択方略をも使っていたことが考えられる。すなわち，ハトは反時計回りまたは時計回りに「円く回る」傾向を強く示しており，それによって，移動距離が相対的に短くなる，効率の良い巡回経路を高い割合で取っていた。さらに第3に，ハトは「至近点選択方略」と合致する経路を選択したこともあったが，「円く回る」ことで必ずしもその方略を頻繁に使ったわけではなかった。これらは，ハトがどのような経路をとるかについて何らかの長期的計画をしているという仮説とも矛盾しないと思われる。しかしながら，このテストで見られたハトの経路選択方略が，多様な刺激配列で共通して見られる一般性のあるものか，ここでの課題だけに特異的なものかは，いまだはっきりしない。4-4, 4-5では，3個の目標を置く位置を変えることによって，この点をさらに検討する。

---

[36] 1/6二項検定

4-4 目標配置に関わらず選ぶ経路は一定か

4-3で得られた結果は，ハトが3個の目標を設けた巡回セールスマン課題を，効率の良い経路を選択して解くことができることを示唆している。このようなハトの経路選択方略は，3個の目標を設けた課題ならどのような刺激配列でも見られる一般規則なのだろうか。あるいは，個別の刺激配列に応じて変化するものなのだろうか。4-4では，3個の目標（G1，G2，G3）が一直線上に並び，中央にある目標（G2）が標的の開始位置から最も近いという状況において，ハトがどのような経路選択方略をとるか検討する。この課題におけるハトの遂行方略について，以下のような可能性を予想する。第1に，4-3と同じ経路選択の方略によって課題を解くなら，反時計回りまたは時計回りに巡回する経路をとり続けるだろう。第2に，最も近い目標を最初に訪れるという規則を用いるなら，第1番目にG2を訪れるだろう。第3に，以上2つとは別の方略をとる可能性も考えられるだろう。

1）実験手続き

参加したハトは，4-2，4-3と同じである。手続きは，以下の点が4-3と異なっていた。口絵3（A）に示したように，時計回り順にそれぞれG1，G2，G3と番号をつけた3個の目標を，標的の開始位置と外枠内の中央の点を結ぶ直線に垂直な同一直線上に置いた。G1とG2，およびG2とG3の間の距離は，各試行内で同一で，2回または3回の移動回数分だけ離れていた。G2は標的の開始位置と外枠内の中央の点を結ぶ直線上にあり，標的の開始位置から2回，3回または4回の移動回数分だけ離れていた。合計3（標的-G2の距離）×2（G1-G2およびG2-G3の距離）×4（標的の開始位置）＝24通りの課題を用いた。1セッションは48試行で，それぞれの課題を2回ずつ呈示した。十分な試行数を得るため，テストは6セッション行った。

2）巡回経路が変化する —— 実験結果と考察

4個体すべてがテスト6セッションを遂行した。制限時間の90秒以内に課

表 4-3　目標 3 個の巡回セールスマン課題（直線配置）(4-4) で，各巡回経路を選択した試行数

ハト	巡回経路	全テストセッション		第 1 テストセッション	
		偶然レベルの試行数	実際の試行数	偶然レベルの試行数	実際の試行数
Caesar	G1 → G2 → G3	48.0	13 ***	9.0	2 **
	G1 → G3 → G2		0 ***		0 ***
	G2 → G1 → G3		120 ***		21 ***
	G2 → G3 → G1		127 ***		21 ***
	G3 → G1 → G2		0 ***		0 ***
	G3 → G2 → G1		28 ***		4
Issa	G1 → G2 → G3	45.7	13 ***	9.0	1 **
	G1 → G3 → G2		0 ***		0 ***
	G2 → G1 → G3		146 ***		27 ***
	G2 → G3 → G1		109 ***		18 ***
	G3 → G1 → G2		0 ***		0 ***
	G3 → G2 → G1		6 ***		1 **
Lafca	G1 → G2 → G3	48.0	69 **	9.0	10
	G1 → G3 → G2		0 ***		0 ***
	G2 → G1 → G3		76 ***		13 *
	G2 → G3 → G1		81 ***		18 ***
	G3 → G1 → G2		2 ***		1 **
	G3 → G2 → G1		60 *		6
Nirgili	G1 → G2 → G3	41.3	29	9.0	3
	G1 → G3 → G2		0		0 ***
	G2 → G1 → G3		87		16 ***
	G2 → G3 → G1		75		9
	G3 → G1 → G2		1		0 ***
	G3 → G2 → G1		56		11 *

*$p < .05$. **$p < .01$. ***$p < .001$（統計的に意味のある差が確認された）(1/6 二項検定)

題を解決できなかった試行数は，Caesar：0; Issa：14; Lafca：0; Nirgili：40 だった。これらの不正解試行は，Issa と Nirgili について，それぞれテスト試行全体の 5％，14％を占めていた。不正解試行は分析から除外した。表 4-3 に，各個体が 6 通りの巡回経路（G1 → G2 → G3, 他）のそれぞれを選択した割合を，4-3 同様に全テストセッションの合計と第 1 テストセッションの両方について示している。4-3 と同様に，各巡回経路を選択した割合をそれぞれ偶然レベル（=

1/6）と比較した[37]。表に示すように，全テストセッションの合計では，G2 → G1 → G3 および G2 → G3 → G1 を選択した割合が，すべての個体で偶然レベルより有意に高かった。また Lafca では，G1 → G2 → G3 および G3 → G2 → G1 を選択した割合も偶然レベルより有意に高かった。その他の巡回経路を選択した割合は，偶然レベルと変わらないか，偶然レベルより有意に低かった。第1セッションについてのデータも，類似した傾向を示した。偶然レベルより有意に高い割合で選択した経路は，Caesar, Issa, Lafca では G2 → G1 → G3 および G2 → G3 → G1，Nirgili では G2 → G1 → G3 および G3 → G2 → G1 であった。これらのデータは，すべての個体で中央の目標（G2）をはじめに訪れる傾向が強かったが，Lafca と Nirgili は 4-3 と同様に反時計回りまたは時計回りに巡回する傾向もあったことを示している。

　これらのハトの経路選択方略は，ハトが 4-3 の課題とは異なる方略をとるようになったことを示唆している。4-4 における課題では，合計移動距離の最も短い巡回経路は G1 → G2 → G3 と G3 → G2 → G1 すなわち 4-3 と同様に，反時計回りまたは時計回りに「円く回る」経路だった。しかし，Lafca と Nirgili は「円く回る」経路も一定の割合で取ったものの，全個体が標的の開始位置から最も近い目標である G2 を高い割合で最初に訪れた。したがって，ハトは円く巡回するよりも，最も近い目標を最初に訪れるという規則を用いるほうを選好していた。このことは，ハトの経路選択方略が，刺激配列によって変化しうることを示唆している。直線配置の課題では，四角形配置の課題よりも，目標3個の配置関係を考慮に入れずに局所的方略を使う傾向が強まったようである。

4-5 群を形成した目標を最初に訪れるか

　4-3，4-4 から，目標3個を訪れる課題でも，刺激の配置によってハトの経路選択方略は変化するようである。4-5 では，目標3個の新たな配列を用いる

---

[37] 1/6 二項検定

ことで，ハトの経路選択方略の特徴をさらに明らかにすることを目指す。すなわち，3個の目標のうちの2個が隣り合った位置に置かれて群を形成しており，残りの1個が離れた位置にあるという配置の課題で，ハトがどのような経路選択の方略をとるか検討する。こうした課題に関連して，Janson (1998) はフサオマキザルが，広い3次元空間内の複数地点に置かれた食物を手に入れる課題において，はじめに複数の餌場が密集した場所を訪れ，その後に離れた位置にある餌場を訪れることを示した。Gallistel and Cramer (1996) は，ベルベットモンキーが空間内を移動する際に，多くの餌が密集した場所をはじめに訪れる傾向があることを示した（図4-1 (b)）。Gibson et al. (2007) はコンピュータ画面上の巡回セールスマン課題において，ハトとヒトの両方が，空間的に互いに近接した位置にある刺激（小点）の群を解決のはじめに選択する傾向があることを見出した。これらの知見に基づいて，本テストでのハトの経路選択方略について，以下の可能性を予想する。第1に，もしハトが先行研究の霊長類やハトで示唆されたものと同様の方略をとるなら，はじめに近接した目標の群を訪れ，その後離れた位置にある目標を訪れるだろう。第2に，それとは別の経路選択，たとえば4-2〜4-4と同様の最も近い目標を最初に訪れる方略や，群を形成した目標と離れた目標とを同程度の頻度ではじめに選択するといった方略も考えられる。

1) 実験手続き

4-2〜4-4と同じハトが参加した。手続きは，以下の点が4-3, 4-4と異なっていた。口絵3 (A) に示したように，3個の目標を4-4と同様に同一の直線上に置いたが，2個の目標（G1とG2，またはG2とG3）が互いに隣接した位置にあった。残り1個の目標は離れた位置にあり，群をなす目標と"対称な"位置にあった。すなわち，群を形成する目標のいずれかひとつと離れた目標とが，標的の開始位置から等距離の位置にあった。合計3（標的と，3個の目標を結ぶ直線との間の距離）×4（G1, G2, G3の配置）×4（標的の開始位置）= 48通りの課題があった。1セッションは48回の試行からなっており，1セッション内でそれぞれの課題を1回ずつ疑似ランダム順に呈示した。ハトが途中で課題遂行をやめない限り，十分な試行数を得るためにテストは6セッション行った。

表 4-4 目標 3 個の巡回セールスマン課題（群配置）(4-5) の全テストセッションで，各目標を最初に訪れた試行数。

ハト	G2 = 最も近い			G2 ≠ 最も近い		
	群（を形成する目標）		離れた目標	群（を形成する目標）		離れた目標
	G1/G3	G2		G1/G3	G2	
Caesar	3	83*	58	3	77	64
Issa	0	57***	13	0	44**	20
Lafca	8	89***	43	4	77	63
Nirgili	3	76	55	2	75	60

*$p < .05$. **$p < .01$. ***$p < .001$.（統計的に意味のある差が確認された）
(1/2 二項検定による，G2 と離れた目標との直接比較)
G1, G2, G3 = 目標

表 4-5 目標 3 個の巡回セールスマン課題（群配置）(4-5) の第 1 テストセッションで，各目標を最初に訪れた試行数。

ハト	G2 = 最も近い			G2 ≠ 最も近い		
	群（を形成する目標）		離れた目標	群（を形成する目標）		離れた目標
	G1/G3	G2		G1/G3	G2	
Caesar	0	14	10	0	12	12
Issa	0	18*	6	0	12	9
Lafca	1	16	7	1	15	8
Nirgili	0	15	9	1	15	8

*$p < .05$.（統計的に意味のある差が確認された）
(1/2 二項検定による，G2 と離れた目標との直接比較)
G1, G2, G3 = 目標

2) 群を最初に訪れる？ ―― 実験結果と考察

　Caesar と Lafca はテスト 6 セッションを完遂した。Issa は 3 セッションを遂行した後に課題を解かなくなったため，これらのセッションのデータ（144 試行）のみを分析した。Nirgili は最後の 11 試行を遂行しなかったため，完遂した 277 試行を分析対象とした。90 秒以内に課題を解けなかった試行の数は，Caesar：0; Issa：10; Lafca：4; Nirgili：6 であった。これらの不正解試行は，Issa，Lafca，Nirgili でそれぞれテスト試行の 7％，1％，2％で，分析からは除外した。

　ハトの経路選択方略について，主要な関心はハトが 2 個の目標からなる

"群"，あるいは離れた位置にある目標のどちらを最初に訪れたかという点にある。表4-4に，それぞれの目標を最初に訪れた試行数を示している。テスト試行の半数について，群を形成する目標のひとつ（G2）が，離れた目標よりも，標的の開始位置から近くにあった（口絵3（A）参照）。そのため，G2が開始地点から最も近い目標であったか（「G2＝最も近い」），G2と離れた目標が開始地点から等距離にあったか（「G2≠最も近い」）によって試行を分割した。全テストセッションのデータ（表4-4）について，ハトは最初に群を訪れた際には，92～100%の試行でG2を最初に選択していた。すなわち，ハトは空間的に隣接した目標を選択する場合には，群のうち近い方の目標を最初に選択する傾向を強く示した。さらに，群を形成する目標のひとつを最初に訪れた試行では，ハトは群内のもうひとつの目標を第2番目に訪れ，最後に離れた目標を訪れる傾向を強く示した（「G2＝最も近い」試行では95%，「G2≠最も近い」試行では91%）。次に，群のうち遠い方の目標（G1またはG3）を最初に訪れた試行を除き，G2と離れた目標との選択試行数を個体ごとに直接比較した[38]。「G2＝最も近い」試行では，Caesar, Issa, LafcaはG2を離れた目標よりも有意に高い頻度で選択しており，「G2≠最も近い」試行ではIssaのみ同様の有意差を示した（表4-4）。4個体全体としては，「G2＝最も近い」試行（p 値が0.05未満[39]）と「G2≠最も近い」試行（p 値が0.05未満[40]）の両方について，G2を離れた目標よりも有意に高い頻度で最初に訪れたことが統計的に示された。

第1テストセッションのデータについても，同様の分析結果を表4-5に示している。全テストセッションについてのデータと，傾向は同様であった。ハト4個体全体としては，「G2＝最も近い」試行（p 値が0.05未満[41]）と「G2≠最も近い」試行（p 値が0.10未満[42]）の両方について，G2を離れた目標よりも有意に高い頻度で最初に訪れたこと，ないしその傾向が示された。また，群を形成する目標のひとつを最初に訪れた際には，ハトは高い割合で，群内のもうひとつの目標を第2番目に訪れていた（「G2＝最も近い」試行：94%；「G2≠最も近

---

[38] 1/2 二項検定
[39] フリードマン検定
[40] フリードマン検定
[41] フリードマン検定
[42] フリードマン検定

い」試行：89％）。

　総合すると，これらのデータは以下の点を示している。第1に，群を形成する目標を最初に訪れた際には，ハトはG2，すなわち隣接した目標2個のうち，標的の開始地点からより近い方の目標を最初に訪れる傾向を強く示した。第2に，離れた目標とG2をくらべると，G2を最初に訪れた頻度が高く，それはG2が標的の開始位置から最も近い目標だった場合に顕著だった。また第3に，群を形成する目標のひとつを最初に訪れた際には，ハトは群内のもうひとつの目標を第2番目に訪れる傾向を強く示した。これらの結果は，以前のテストと同様に，最も近い目標を最初に訪れるハトの行動傾向を示していると考えられる。しかし，「G2＝最も近い」試行だけでなく「G2≠最も近い」試行についても，上記の選択傾向が同様に見られた。そのため，ハトは以前のテストと同様の局所的方略を使い続けつつも，群を形成した目標を最初に訪れる傾向をも示した可能性があると考えられる。これは，ハトの経路選択方略が刺激配列によってさまざまに変化しうる，という見方とも矛盾しない。

4-6 │ 回り道があると経路を変えるか

　これまでの巡回セールスマン課題では，ハトはどのような刺激配列についても，出発地点から最も近くにある目標を最初に訪れる傾向を示していた。では，このような方略をとることが効率の悪い経路選択につながるような場合には，ハトはそれとは異なる方略を使うようになるのだろうか。4-6では，標的の開始位置と，2個の目標のうち近い方との間に，L字形の壁に見立てた棒を置き，棒がある条件とない条件でハトの経路選択方略が変わるかどうか検討する（Miyata and Fujita, 2011b）。すなわち，第2章と類似した回り道課題を，目標の数を2個に増やして用いる。近い方の目標を訪れる前に，棒を避けて回り道をする必要があった。もしハトが最も近くにある目標を最初に訪れる方略に固執しないなら，棒のある課題では，棒のない課題よりも遠い方の目標を最初に訪れる傾向をより強く示すだろう。

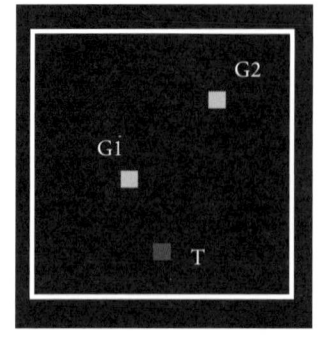

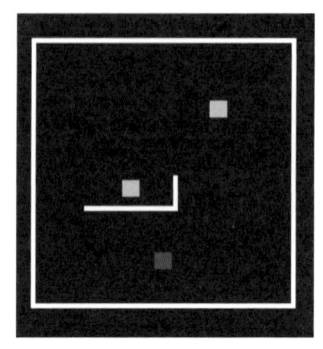

図 4-4　4-6におけるテスト条件：「回り道あり」条件と「回り道なし」条件。図の下部の四角形（T）が標的の開始位置，上部の2個の四角形（G1, G2）が各目標を示す。「回り道あり」条件のL字形の白色線分が，壁に見立てた棒を示す。図示した以外の刺激配置は，各図を90度，180度，または270度回転し，さらにそれらを裏返すと見ることができる。

1）実験手続き

　4-5 までの巡回セールスマン課題による実験に参加したハト2個体（Caesar, Lafca）に加え，心理学実験の経験がある3個体（Flint, Roki, Yashiro）が新たに参加した。実験開始時点での年齢は，Caesar：12歳；Lafca：7歳；Flint：8歳；Roki：11歳；Yashiro：11歳だった。実験刺激の構成要素として，第2章～第4章の上記テストと同じ外枠，標的，目標，ガイドに加え，第2章の迷路に類似したL字形の壁に見立てた棒（幅10ピクセル；長さ70×190ピクセル）を用いた。Flint, Roki, Yashiroについては，第2章と同じ方法でナビゲーション行動を訓練した。その後，第2章の「迷路4」と同じ，十字形の棒を迂回する回り道課題を解くことを（再）訓練した。さらに，本章4-2の「目標2個の巡回セールスマン課題」を，標的から各目標までの距離が等しい配置に限定して（再）訓練した。第1番目の目標に到達した際には，フィーダーに取り付けられた豆電球を1秒間光らせ（条件性強化子），第2番目の目標に到達した直後に穀物飼料を呈示した。

　その後，回り道のある目標2個のナビゲーション課題によるテストを行った。

図 4-4 に示したように,「回り道なし」「回り道あり」の 2 条件を同じ頻度で呈示した。「回り道あり」条件では, G1 (近い方) および G2 (遠い方) と名付けた 2 個の目標が, 標的の開始位置からそれぞれ 3 回および 6 回の移動分だけ離れた位置にあった。標的の開始位置と G1 との間に, L 字形の壁に見立てた棒があった。第 2 章の迷路と同様, 壁を越えてはガイドが出なかったため, ハトは G1 を訪れるために回り道をする必要があった。棒のどちら側を回った場合でも, 開始位置から G1 までの最短移動回数は 7 回だった。ハトは訪れる目標の順序 (G1 → G2 または G2 → G1) を自由に決めることができた。課題の完遂に必要な最小移動回数は, G1 → G2 を選んだ場合が 12 回, G2 → G1 の場合が 11 回だった。この配置だけを用いたが, 合計 4 (標的の開始位置) × 2 (どちらの目標を G1 とするか) = 8 通りの課題があった。「回り道なし」条件では, L 字形の棒がないことだけが「回り道あり」条件と異なっていた。最小移動回数は, G1 → G2 の場合が 8 回, G2 → G1 の場合が 11 回だった。1 セッションは 48 試行とし, 16 試行ごとのブロックに分割した。各ブロックで, 計 16 通りの課題を 1 回ずつ呈示した。テストは 6 セッション行った。

2) 遠い目標を最初に訪れるケース —— 実験結果と考察

5 個体が全テストセッションを遂行した。ただし, Lafca は最後の 27 試行を遂行しなかった。他の個体について, 120 秒以内に課題を解けなかった試行数は, Caesar：0; Flint：2; Roki：3; Yashiro：4 であった。不正解試行は分析から除外した。各条件について, G1 (近い方の目標) を最初に訪れ, 次に G2 (遠い方の目標) を訪れた試行の割合を分析した。全テストセッションのデータについて, G1 → G2 をとった割合は「回り道あり」条件 (23.7%) のほうが「回り道なし」条件 (91.4%) よりも有意に低かった (p 値が 0.05 未満[43])。個体別にも, すべての個体で同じ有意差が見られた (p 値が 0.001 未満[44])。「回り道あり」条件では, G2 → G1 をとった割合が偶然レベル (= 1/2) よりも有意に高かった (p 値が 0.05 未満[45])。第 1 セッションの最初の 16 試行についてのデータでも,

---

43) Wilcoxon の符号付き順位検定
44) Fisher の直接法
45) 1 サンプルの t 検定

G1 → G2 をとった割合(「回り道あり」条件：25.7%；「回り道なし」条件：97.5%)について，同様の有意差が得られた(p 値が 0.05 未満[46])。各条件および選択経路についての合計移動回数(平均値)は，「回り道あり」条件では G1 → G2 で 15.78 回，G2 → G1 で 15.60 回，「回り道なし」条件では G1 → G2 で 8.87 回，G2 → G1 で 11.80 回だった。すなわちハトは，壁に見立てた棒がないときには近い方の目標を最初に訪れることが多かったが，棒があるときには逆に遠い方の目標を最初に訪れることのほうが多かった。棒があるときは，どちらの経路をとった場合でも移動回数はほとんど同じだった。またこれらの行動傾向は，テストの初めからテストセッション全体を通して一貫していたと考えられる。

各試行における第1移動の向きについては，課題画面の中央に向かう動きが最も多かった(「回り道あり」条件：77.4%；「回り道なし」条件：87.3%)。このような試行について，「回り道あり」条件での第2移動の向きは，G2 に近づく向き(63.2%)が G1 に近づく向き(34.8%)よりも有意に多かった(p 値が 0.05 未満[47])。つまり，ハトは1回目の移動で棒に近づいて「壁」に当たり，2回目の移動で遠い方の目標に向かい始めるという(図4-4右図の例では，上→右)動かし方をしていることが多かった。さらに，「回り道あり」条件では，移動の向きを180度変えた回数が1試行で平均2.23回であり，そのうち72.2%が棒の長い辺と平行な動き(図4-4右図の例では，右→左または左→右)であった。すなわち，「壁」に当たったハトは，壁と平行方向の「右往左往」ともいえる無駄な動きをすることもあったことが分かる。

これらのデータは，最も近い位置にある目標を訪れるために回り道が必要となるときには，その目標をはじめに訪れるという規則をハトが使わなくなる場合があることを明白に示している。「回り道あり」条件では，2種類の巡回経路(G1 → G2 または G2 → G1)で必要な最小移動回数が12回と11回と，経路間の効率性の乖離が比較的小さかった。しかし，これらの試行では G2 を最初に訪れた割合が偶然レベルを有意に上回っていた。「回り道あり」条件でハトが最も頻繁に使っていた方略は，最初の移動で壁に見立てた棒に近づき，その

---

[46] Wilcoxon の符号付き順位検定
[47] Wilcoxon の符号付き順位検定

次の移動で G2 に近づく向きに進むというものであった。この第 2 回目の移動は，G1 すなわち近い方の目標からは遠ざかるものであったため，ハトは「至近点選択方略」を使っていたわけではないだろう。積極的な解釈としては，ハトは最初の数手の段階で，壁に見立てた棒を越えた位置にある G1 に向かうことを避ける意思決定をした，というものが挙げられる。

4-7 ハトの経路選択とその方略

　第 4 章では，ハトが 2～3 個の目標を設けた巡回セールスマン課題を解くことができるか，また解けるとするとどのような方略を用いて課題解決するかを，第 2 章および第 3 章で使用した液晶モニター上のナビゲーション（空間移動）課題を応用することで検討した。目標の配置をテストごとに体系的に変え，刺激配列がハトの遂行方略におよぼす効果を検討した。4-2 では，ハトは 2 個の目標を設けた巡回セールスマン課題を解くことができ，近いほうの目標をはじめに訪れ，次に遠いほうの目標を訪れるという経路選択方略を高い割合で取った。4-3 では，ハトは 3 個の目標を設けた巡回セールスマン課題を解く際に，最も近い目標を最初に訪れた。しかし，半時計回りまたは時計回りに「円く回る」方略を高い割合で使い，必ずしも「至近点選択方略」を用いていないことも分かった。こうした方略で，ハトは移動距離が相対的に短くなる，効率の良い経路選択をしていた。4-4 では，3 個の目標が一直線上に置かれた課題で，ハトは最も近い中央の目標を最初に訪れる傾向を強く示した。4-5 では，互いに隣接した 2 個の目標が"群"を形成していた。ハトは，群を形成した目標のうち，開始位置からより近い方（G2）を最初に訪れる傾向を示した。4-6 では，2 個の目標のうち近い方の側に，L 字形の壁に見立てた棒を置いたため，回り道が必要となった。ハトは，この場合には遠い方の目標を最初に訪れる傾向を示した。これらすべてのテストで，第 1 テストセッションでの結果はすべてのテストセッションを含めた際と同じ傾向を示していた。すなわち，ハトは各テスト内で一貫した行動的方略を使っていたと考えられる。

　一連の結果における主要な点は，ハトが前半 4 つのテストすべてで，最も近

い目標を最初に訪れる傾向を示したことであろう。また 4-5 では，ハトは隣接した目標のひとつを訪れた後，隣のもうひとつの目標を次に訪れる傾向を強く示した。これらは，ハトの経路選択が主として，開始位置や当該の位置の近くにある目標を訪れるといった，局所的手がかりによって決定されているという考えを支持するものといえる。第 3 章の実験結果は，ハトがナビゲーションにおいて次の 1 手の向きを先読みしている可能性を示唆するものであった。これらを含めて考えると，ハトは主に長期的というよりも短期的な方略を使って一連の課題を解いている可能性が考えられる。

　しかしながら，テストごとの結果を個別検討すると，ハトは他のより進んだ経路選択方略を使っている可能性もある。4-3 では，目標 3 個の巡回セールスマン課題で，ハトは反時計回りまたは時計回りに「円く回る」経路を高い割合で取った。ハトは必ずしも，「至近点選択方略」を使ったわけではなく，円く巡回することで移動距離の短い効率的な経路を選んでいた。このような方略は，「ヒューリスティックス」とみなしうるものかもしれない。ヒューリスティックスとは，Newell and Simon（1972）が提唱した問題解決方略のひとつで，必ずしも最適で正しい結論を保証しているわけではないが，ある割合で良い解法を導き出すことができる，経験則による方略をさしている。これは，可能なすべての手順を体系的に計算する方略である「アルゴリズム」と対照をなすものである（たとえば Lund, 2003）。ハトは，目標 3 個の巡回セールスマン課題を解く際に，標的の個々の動きをすべて計算してはいないかもしれないが，訪れる目標の配置や順序系列について，一定の内的規則を持っている可能性は考えられる。すなわち，ごく短期的な先読みと，おおまかな経路決定という，異なる問題解決方略がハトのナビゲーションにともに存在している可能性がある。

　こうした解釈は，4-1 で述べた短期的および長期的プランニングという，プランニングの階層性の考えとも矛盾しない。これらの階層の異なる方略を当該の課題状況に応じて使い分けることが，ハトにとっては適応的なのかもしれない。たとえば，ある地点においてどの向きを選択するかによってその後の経路が大きく変化するような場合には，その地点における次の移動の向きを正確に決定できることが重要だと思われる。しかしながら，常にそうした方略をとり続けることは負荷が大きいかもしれない。複数の目標が比較的遠い位置にあっ

第4章 道順計画：複数地点を訪れるハトの経路選択

て，それらの目標のすべてに到達できるならどんな経路でも選択できるような状況では，おおよその経路を決定することが有効に機能する可能性がある。

4-5の解釈については，ハトが「群」を最初に訪れることを好んでいたかどうかは，慎重に考察する必要があると思われる。第1の点として，ハトが隣接した複数の目標を実際に「群」として見ていたのか，という問題がある。もしハトが群をなす複数の目標のどれを最初に訪れるかに無関心であれば，群を認識していた可能性が支持されたかもしれないが，実際は隣接する目標2個のうち，開始位置からより近い方（G2）を最初に訪れる傾向が明らかに強かった。しかしながら，ハトは群をなす目標のひとつを訪れた際には，その次に群内のもうひとつの目標を訪れることが多かった。すなわち，群をなす目標のひとつを訪れた後で，離れた目標に向かい，再び群のもうひとつの目標に戻ってくるといったケースはほとんどなかった。したがって，ハトは最も近い目標を次に訪れるという規則を主に使っていた可能性はあるものの，「群」を認識していた可能性もあると考えられる。

第2の点として，「G2＝最も近い」試行だけでなく「G2≠最も近い」試行でも群のほうに最初に向かう傾向があったことを認めるとしても，この見かけ上の傾向は，より近い目標に最初に行こうとする選好の結果かもしれないという議論が考えられる。テスト試行の半数では，「群をなす目標である」ことと「最も近い目標である」こととが重複していたためである。第1テストセッションのみの結果（表4-5）を見ると，統計的な支持は強くはないものの，全テストセッションを合計した場合（表4-4）と経路選択の傾向は一貫していると思われる。このことは，ハトがテストの初期から群を最初に訪れることを好んでおり，しばしば最も近い目標であったG2を最初に訪れることを，徐々に学習したのではないことを示唆するものかもしれない。それゆえ，これらのデータは，ハトがテストの初めから群を訪れることを好んでいたという見方と矛盾しないと考えられる。将来の研究では，目標の数をさらに増やすなど，より多様な刺激配列を使ってテストを行うことで，ハトが群をなす複数の目標を最初に訪れることを好むかどうかが，より正確に決定できる可能性がある。

4-6の解釈については，ハトが壁に見立てた棒をどのように認識していたか，および経路の決定にどのような心的過程を使っていたかについて，まだ検討の

余地があると考えられる．本実験の結果単独では，ハトが時間や労力を最適化する高い能力を示したといえるのか，判断は難しいだろう．また，壁に見立てた棒を使った訓練を行っている際に，回り道行動を強いる棒を避けることを学習した可能性も考えられる．この学習のために，ハトは「回り道あり」条件では，棒がかかっていない目標（G2）のほうに向かったのかもしれない．加えて，ハトは棒の隣に来たときには冗長な動き方をすることもあった．したがって，高度な心的過程というよりも，過去の強化履歴や刺激性制御といったより単純な過程でハトの行動がよりよく説明できる可能性は，本実験の結果だけでは排除が難しい可能性がある．

　ハトがこうした複合的な課題での経路選択でどのような内的過程を使っているのかをより詳しく知るには，目標や壁に見立てた棒の数や配置をよりさまざまに変えてテストすることが考えられる．たとえば，長い棒の途中に短い隙間が空いているような状況で，ハトがどのような経路をとるかを検討するのは興味深いだろう．もしハトがその隙間を通って，最も近くにある目標を最初に訪れるとすれば，ハトが棒を障害物として認識している可能性が支持されるだろう．また，2個の目標の位置をより遠くするか，標的の開始位置から互いに等距離にして，一方の目標のほうにだけ棒がかかっている状況でテストを行えば，ハトが棒を避ける傾向を常に示すかどうかを検討できると思われる．

　本章での知見は，ハトの巡回セールスマン課題遂行に関する研究の進展に寄与するものといえるだろう．先行研究のGibson et al.（2007）では，ハトはコンピュータ画面上に配置された3～5個の同一の刺激（小点）に順に反応したが，どの地点から反応を始めてもよかった．本研究は，出発地点を試行ごとに固定することで，最も近くにある目標を最初に選択するというハトの行動傾向を，一貫して明瞭に示したと考えられる．またGibson et al.（2007）では，ハトの経路選択の効率は，ランダムに経路を選んだ場合よりは良かったものの，「至近点選択方略」を使った場合や，最短経路を選んだ場合の効率には達しなかった．これに対して本章の4-3では，ハトは移動距離が短くなる効率性の高い経路を一貫して選んだ．こうした違いが見られた理由として，本研究のナビゲーション課題はGibson et al.（2007）の課題よりハトにとって負荷が高かったことが考えられる．実際，本章の4-3では，各々のハトは各試行24.9～34.0秒（個体ご

との平均）という長い時間をかけて課題を解いていた。このため，ハトは少なくとも特定の刺激配列については，なるべく効率的な経路選択方略をとろうとしたことが考えられる。

　本研究における巡回セールスマン課題の問題点のひとつとして，とくに目標が3個の課題については，ハトにとってやや負荷が高すぎたことが考えられる。これらの課題を解くのにハトがかけた数10秒以上という時間は，見本合わせなど数秒以内に試行が終わる多くの課題にくらべて相当長い時間である。このことは，一方ではハトの行動の効率性を高めたかもしれないが，ハトがすべてのテスト試行を完遂できない場合も少なくなかった。改善策のひとつとして，標的の移動速度を上げることが考えられる。また，標的を移動させる向きにも工夫の余地がある。本書のナビゲーション課題では，上下左右の4方向にだけ標的が動いた。この手続きでは移動の向きを体系的に記録できるが，動物が野生下で物体を移動させる際はどの向きにでも動かせるはずなので，生態学的に妥当とはいえない可能性がある。より自然な状況下でハトのナビゲーション遂行を検討するには，斜め方向を含め，より自由な向きに標的を動かせる課題を使うことが有効であろう。また本章の課題では，一連の目標を訪れた後で，開始時点に戻る必要がなかった。開始地点に戻る場合には，戻らない場合とは異なる方略が必要となる可能性がある（たとえば Gallistel and Cramer, 1996; 図 4-1 参照）。開始地点に戻らせるためには特別な訓練が必要になると思われるが，本章の課題を応用することでこうした点も検討できるだろう。手続きを工夫し，さまざまな刺激配置の多様なナビゲーション課題を課すことで，移動距離を効率化するハトの経路プランニングの種々の側面をさらに解明できると期待される。

第5章

鍵開け：キーアの事前計画と生活史

5-1 キーアの生活史と認知能力

　第4章までの研究から，コンピュータを用いた課題によるハトのプランニングのさまざまな特徴が浮かび上がってきた。だがこれまでにも論じてきたように，鳥類におけるプランニング能力は，本書での研究を除けば，主にカラス科の一部の種でしか検討されていない。プランニング能力が鳥類の間で広く共有されているかを明らかにするためには，より系統的に多様な鳥類を対象とした比較研究が必要だと考えられる。また，さまざまな生活史を持つ種を対象としてプランニング能力の検討を行うことは，生息環境がプランニング能力の発現の仕方におよぼした影響を理解することにつながるため，プランニングの進化史を構築するうえで重要であろう。こうした観点から第5章では，生態や行動に固有の特徴を持つ種であるオウムの1種キーア（*Nestor notabilis*; 和名：ミヤマオウム）に着目し，この種における問題解決開始前のプランニングを検討する（Miyata et al., 2011）。

　キーアはニュージーランド南島のみに分布する固有種のオウムで，南アルプス山脈に沿ってブナ林や亜高山帯の雑木林，高山帯の草地といった環境に生息している（キーアの生態，行動および進化については，Diamond and Bond, 1999 を参照）。体長は約50 cmで体重は700〜1000 g程度，全身がオリーブグリーン色の羽毛で覆われており，翼下部の羽毛は鮮やかな赤色である。大胆で好奇心や新奇対象選好の傾向が強く，あらゆる対象物をくちばしや脚で固執的に操作し破壊しようとする特徴があり，採食の対象はきわめて多岐にわたっている。

100 種以上の植物のほか，昆虫，卵，ミズナギドリのヒナ，動物の死骸など，あらゆるものを食べることが報告されている（たとえば Brejaart, 1988; Clark, 1970）。こうした「日和見採食主義」によって，キーアは食物資源が乏しく，捕食圧は低い生息環境に適応してきたと考えられている（Temple, 1996; Huber and Gajdon, 2006）。たとえば 19 世紀にヒトが生息地にヒツジを持ち込み，動植物相が大きく破壊された際にも，キーアはヒツジの死骸を食べたり，生きたヒツジを攻撃して皮や肉を裂き取ったりすることで，絶滅の危機を免れたのではないかと推測されている（Huber and Gajdon, 2006）。こうした行動傾向は，人工的な物体や道具が生息環境に持ち込まれたときには，収奪的で破壊的な「いたずら」とみなされることにもなる。ヒトが持ち込んだ自動車やテレビなどの物体を，キーアが操作能力の優れた強力なくちばしでことごとく破壊する場合があり，ごみ箱を開けて中の生ごみを食べるといった行動も報告されている（Gajdon et al., 2006）。また遊び行動が多く見られることも特徴的である。物体操作のような物理的遊び，および取っ組み合いのような社会的遊びが多数報告されており（Diamond and Bond, 2003; 2004; Tebbich et al., 1996），協力のような複雑な社会的行動がそれらに含まれている（たとえば Huber et al., 2008）。

　近年の研究で，キーアの物理的および社会的認知能力についての知見が集まりつつある。Huber et al.（2001）は飼育下のキーアで，鍵開け課題を用いて社会的学習の能力を検討した。課題は，図 5-1 のように，大きな箱に取りつけられたボルト，ピン，ネジという 3 種類の鍵かけ装置を適切な順序で操作することで，箱のふたが開き，箱の中の食物を食べられるというものだった。あらかじめ正しい順序で鍵を操作することを訓練されたデモンストレーター個体による鍵開け行動を事前に観察した実験個体は，鍵に素早く近づき，粘り強く解決を試みる傾向を示した。Huber et al.（2001）は，キーアはデモンストレーター個体によって環境内に引き起こされた刺激の変化を理解していた（エミュレーション）可能性があると論じている。Werdenich and Huber（2006）は，飼育下のキーアに，止まり木から長いひもで吊るされた物体を引き上げて物体を手に入れる課題を課した。キーアはひもをたぐって物体を手に入れることに成功し，さらにキーアが止まり木とひも，食物の機能的な結びつきを理解していることが示唆された。Auersberg et al.（2009）は，横に並べられた 2 つの装置のうち 1

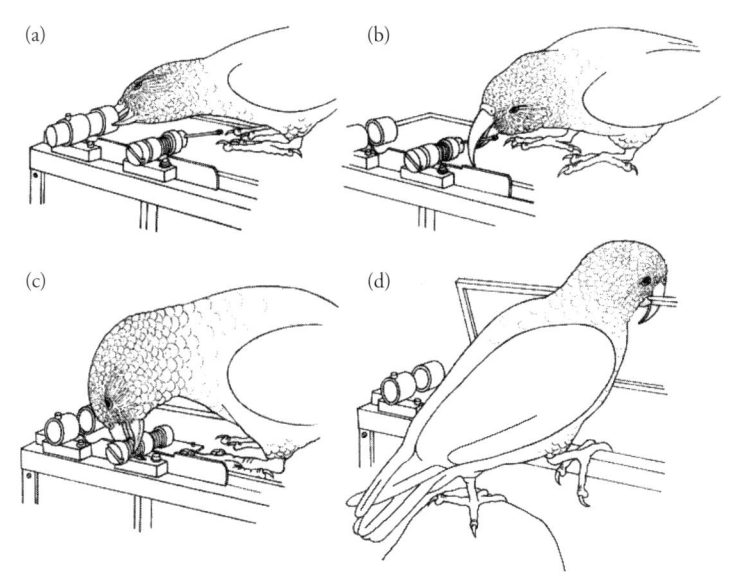

第5章　鍵開け：キーアの事前計画と生活史

図 5-1　Huber et al. (2001) がキーアの観察学習をテストするために用いた人工果実課題。(a) ボルトを輪から突き出す、(b) ピンをネジから引き抜く、(c) ねじを回す、(d) ふたを持ち上げるという一連の動作を固定された順序でおこなう必要がある。

つだけが物理的に食物につながっている状況で，キーアが適切なほうを選んで引っ張り出し，食物を得られることを示した。キーアのこうした能力は，同様の課題で霊長類をテストした際にも匹敵するもので，キーアが手段—目的の関係性を理解していることが示唆された。

また野生下のキーアでも，社会的学習の能力が実験的に検討されているが，他個体の行動を観察することによる学習能力に関する積極的な証拠は少ない。Gajdon et al. (2004) は，ニュージーランドのマウントクック国立公園に生息する野生のキーアに，地面に垂直に立てられた棒からチューブを持ち上げて引き抜くことで，チューブの内側に塗りつけられたバターを手に入れる課題（図5-2 (a)）を課した。棒の先端はキーアの背よりも高かったため，チューブを棒から取り外すには，キーアは棒を登りながらチューブをくちばしで操作して引き上げる必要があった。足環をつけて調査した 21 個体のうち，チューブを取り外せたのは 3 個体で，他個体のチューブ引き抜き行動を観察したキーアが自ら

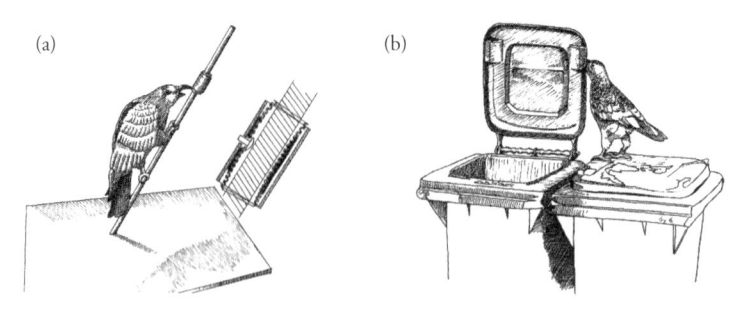

図 5-2　野生のキーア研究で分析された行動。(a) 内側にバターを塗ったチューブを棒から引き抜く課題 (Gajdon et al., 2004) (b) ごみ箱のふたを開けるキーア (Gajdon et al., 2006)。

のくちばしや脚の使い方を適切に変化させたという証拠は得られなかった。Gajdon et al. (2006) は，マウントクック村におけるホテルのキッチンの外で，ごみ箱のふたを開けて中の生ごみを食べるキーアの個体集団を発見し，この行動が集団内に広まる社会的学習の過程を調査した（図 5-2 (b)）。個体識別して観察された 36 個体のうち，ふた開けに成功した個体はわずか 5 個体だった。別の 17 個体では，開いたふたから食物をくすねる行動が観察されたが，みずからふたを開けた個体にくらべると得られた食物は質量ともに劣っていた。Gajdon et al. (2006) は，限られた個体以外はふたとごみ箱との空間的な関係性を理解しておらず，ふた開けの技術獲得に主要な役割を果たしているのは，洞察や社会的学習というよりも個体ごとの経験ではないかと論じている。これらから Huber and Gajon (2006) は，野生下のキーアは，複数の物体相互の位置関係を考慮する必要のある課題を解くことが困難なのかもしれないとしている。

　これらの先行研究は，全体としてはキーアの優れた物体操作能力を示していると考えられるが，キーアが採食において探索的行動をとる傾向があることも示唆されている。たたとえば Schloegl et al. (2009) は，筒に入った食物を探索する課題をキーアに課した。真っすぐな筒と曲がった筒のように，形状の異なる 2 本の不透明な筒が横に並べて置かれ，どちらか一方の内部だけに食物が入っていた。キーアは，同じ課題を行ったワタリガラス（*Corvus corax*）とくらべると，一方の筒を選択する前に筒をより固執的に探索する傾向を示した。筒の中から食物がなくなっても，キーアは執拗な探索行動をとり続けた。

第5章　鍵開け：キーアの事前計画と生活史

　このように，キーアの物体操作については，効率的で優れているいう側面と探索的であるという側面の両方が示唆されている。では，キーアの行動はどの程度効率的，あるいは探索的といえるだろうか。こうした点を詳細に検討するには，複数の選択肢からの選択や，複数の操作を必要とする複雑な課題を課すのが有効だと考えられる。ここで「効率性」は問題解決の初めから課題の適切なパーツを操作すること，「探索性」（試行錯誤学習を含む）は物体をさまざまな仕方で操作して情報を得ようとすること，と定義することにする。一連の複数の課題を解く際のキーアの行動を分析することで，キーアがこれらの方略のどちらをとる傾向が強いかを明らかにできると考えられる。本章では，複数の鍵を設置した独自の鍵開け（人工果実）課題でこれらの点を検討する。

　このようにキーアの鍵開け行動を検討することに加え，課題解決開始前のプランニングのような認知過程がキーアの行動に含まれているかも同時に検討する。キーアのプランニング能力は，現在のところはっきり示されていない。しかし，キーアの優れた物体操作能力や行動的柔軟性，また少なくとも飼育下での高度な物理的および社会的認知能力を示唆する知見を考慮すると，探索的行動が見られたとしても，高い水準のプランニング能力も見られる可能性が考えられる。第5章では，鍵開け（人工果実）課題によって，問題解決を開始する前のキーアのプランニングを検討する。キーアは鍵をはずす行動のような物体操作を好み，くちばしによる操作能力が優れているため，鍵開け課題はキーアの認知能力を検討するのに適していると思われる。しかし，特定の種特異的と思われる行動には依存していないため，広範な種間での直接的な比較も可能な課題だといえるだろう。なお，ハトのように実験箱内での行動実験の蓄積が豊富な種とは異なり，キーアではコンピュータを用いた実験はまだ試行錯誤されている段階にある。そのためハトと同じナビゲーション課題を用いるより，鍵開け行動のように本種が優れた遂行を示すことが知られている課題のほうが，プランニング能力を良く引き出せる可能性が高いと考えられる。

　以上から第5章では，複数の鍵を設置した自作の鍵開け（人工果実）課題をキーアがどのように解決するか，および課題解決の開始前にキーアが解決の方略をプランニングしているかを検討する。テスト段階が進むほど鍵の数を増やして配置も複雑にし，キーアが鍵操作における効率性や探索性をどのように示

すか観察する。負荷の高い課題ほど，キーアはなるべく効率性の高い方略を使って課題を解こうとすると予想した。また課題を解きはじめる前に事前呈示の時間を与え，事前観察した条件で遂行成績が向上するか検討する。課題が複雑で難度の高いものになるほど，キーアが事前観察中に解決方略をプランニングする動機づけは高くなると予想した。また，事前観察の効果が行動により反映されやすくなるように，段階ごとに事前呈示の方式を工夫する。

5-2 スライド式の事前観察板を用いた課題

5-2（段階1）では初めに，四角形のアクリル製のふたの周りに設置された鍵を外してふたを開け，ふたの下にある食物を得ることをキーアに訓練する。はじめに1個の鍵を開けることを訓練し，次に鍵を2個に増やし，キーアがそれらの課題をどのように解くか観察する。また，課題を解きはじめる前に事前呈示段階を導入する。事前呈示では，装置の上面全体を透明のアクリル板で覆い，キーアが板上に乗って鍵を観察できるようにする。キーアが課題解決を開始する前に解き方をプランニングしているなら，上から鍵を事前観察できる透明板を使った条件で，鍵が見えない不透明板を使った条件より課題を早く効率的な方略で解くと予想される。

1）参加したキーアと実験手続き

オスのキーア7個体が参加した。Bruce，Luke，Mismoは5歳以上の成鳥，Frowin，Kermit，Linus，Zappelは4歳の準成鳥だった。別の成鳥2個体（Knut，John）と準成鳥1個体（Pick）も当初参加したが，予備訓練中に課題を遂行しなくなったため，テストに含めなかった。全個体が飼育下で生まれ，Kermit，Linus，Zappelはヒトに養育された。残りの個体は親鳥に養育された。キーアは大型の屋外飼育場（15 m×10 m×4 m）で12〜25個体で集団飼育され，ヒトとの日常的な接触に十分慣れていた。全個体，行動実験の経験があったが，本章で用いた実験装置や鍵は経験していなかった。

実験装置として，木製直方体の箱（62 cm×62 cm×10 cm：図5-3（a））を自作

第 5 章　鍵開け：キーアの事前計画と生活史

(a)

(b)

図 5-3　本章における装置および鍵の写真。(a) 装置の写真。この写真では，鍵を構成する金属製の金具がふたの 1 辺上に設置されている。鍵を構成するアルミニウム製の棒は，装置の水平面上に置かれている。(b) 5-2「鍵 2 個テスト 1」で用いられた鍵の例。この写真では，右側の棒はふたの上に伸びており，棒を取り除く操作が必要である。左側の棒はふたとは逆向きに伸びており，操作する必要がない。

した。箱の上面中央に正方形の透明アクリル製のふた (19 cm×19 cm) を取り付け，ふたの 1 辺上に 2 個のちょうつがい (3 cm×3 cm) を取り付けた。ふたの，ちょうつがいと反対側の端近くに金属製の取っ手 (2.5 cm) を 2 個設置し，持ち

上げることでふたが開くようにした。ふた下の底面中央にプラスチック製の食物入れ小容器を設置し，そこに食物のピーナッツを置いた。ちょうつがいのある辺を除くふたの3辺には，複数個の鍵を設置できた。

アルミニウム製の円筒形の棒（0.8 cm×3.8 cm）と，棒を固定できる金属製金具（4.8 cm×1.5 cm×0.8 cm）からなる鍵（図5-3 (b)）を用いた。金具はふたの辺から1 cmの距離の位置に，ねじで固定した。棒を金具に挿入して固定することができ，棒はふたのある向きに伸ばされてふたの一部にかかっているか，またはふたとは反対の向きに伸ばされてふたに触れていないかのいずれかであった。

事前観察段階を導入するため，透明かまたは部分的に不透明にされた大きなアクリル板（62 cm×62 cm）で装置全体の上面を覆うことができるようにした。アルミニウム製の金具（1.2 cm×0.9 cm×100 cm）を装置の側面3辺に設置し，アクリル板の1つの辺の中央に針金（約3 m）を取り付け，実験者（著者）が針金を引くことでアクリル板を水平にスライドさせ，板を装置の上面から取り除けるようにした。

キーアが飼育されている屋外飼育場内で実験を行った。実験の際には，各個体を飼育場内の3区画のうち1区画（5 m×10 m）に隔離した。各個体の隔離中には，実験区画とそれ以外の区画とを不透明なスライド式扉で仕切ったため，実験個体と他の個体は互いの姿を見ることができなかった。実験区画を，透明のスライド式扉によって，2つの副区画（5 m×5 m）に分けた。それぞれの副区画内に同一の木製テーブル（1 m×1 m×1 m）を1台ずつ，スライド式扉を挟んで隣り合う位置に置いた。実験セッションの開始前にキーアをひとつの副区画内に入れ，その間に実験者が反対側の副区画に実験装置を運び，テーブル上に置いた。飼育場の外に三脚を用いてデジタルビデオカメラを設置し，実験セッションを録画した。

予備訓練

はじめにしばらくの期間，ふたを開けた状態でキーアを実験装置に慣らせた。実験者が副区画の間にあるスライド式扉を開けると，キーアは装置に乗ってふたの下に置かれた食物を食べることができた。試行の前には，キーアは通常，反対側の副区画のテーブルの上またはその周辺で待っていた。食物は，薄く切

られたピーナッツ片だった．食物を食べたあと，キーアを反対側の副区画に戻した．1セッションは5～6回の試行とした．

　続く段階ではふたを閉じ，キーアはくちばしで取っ手をくわえるなどの方法でふたを開ける必要があった．次に，本章で叙述したものと大きく形状の異なる鍵を用いようとしたが，ほとんどの個体がそれを解けなかったため，その鍵の使用は中止した．その後，キーアが試行前に待っている副区画から最も近いふたの辺上に，1個の鍵を設置した．棒がふたの向きに伸びている試行では，ふたを開けるには，棒を押すまたは引く操作によってふたの上から取り去る必要があった．棒がふたと反対の向きに伸びている試行では，鍵を操作する必要がなかった．キーアは正しくふたを開けるまで操作を続けることができ，ふたを開けるとふた下の食物を食べることができた．食物を得た後，キーアを向かいの机に戻した．実験者が試行の準備をしている間は，装置の前に白色不透明のボール紙（64 cm×54 cm）を立て，キーアが装置を見られないようにした．準備の間，キーアは隣の副区画の机上かその付近で待っていた．キーアが円滑に課題を解くようになるまで訓練を行った．

　次に，課題を解き始める前に課題を事前呈示することにキーアを慣らせた．各試行のはじめに，装置の上面全体に大きな正方形のアクリル板を置いた．試行のはじめに実験者はスライド式扉を開け，キーアは装置の上に乗って10秒，20秒，または30秒間アクリル板の上から課題を観察できた．事前呈示の時間を変えることで，キーアが事前呈示中に装置に注意を向けることを促進できると考えた．その後，実験者はキーアを反対の副区画に戻してスライド式扉を閉じた．次に実験者は再びスライド扉を開き，それと同時に事前呈示のアクリル板を，板に取り付けた針金を引いて装置上面から取り去った．この時点から，キーアは装置に乗って課題を解くことができた．1セッションを6試行とし，「事前呈示あり」「事前呈示なし」の2条件を，同じ頻度で呈示した．「事前呈示あり」条件では，透明なアクリル板を使ったため，板の上から鍵と食物を観察できた．「事前呈示なし」条件では，アクリル板の一部を黒色ビニルテープで覆い，板の上から食物は観察できるが，鍵は観察できないようにした．ふたの辺のうち，鍵を設置できる3辺の上部を黒テープで覆ったため，鍵の場所が上からは分からなかった．この手続きにより，事前呈示あり，なし条件間で食物を得よ

(a) 段階1

鍵2個テスト1　　鍵2個テスト2

(b) 段階2

鍵2個テスト3　　鍵3個テスト1

(c) 段階3

鍵2個テスト4　　鍵3個テスト2

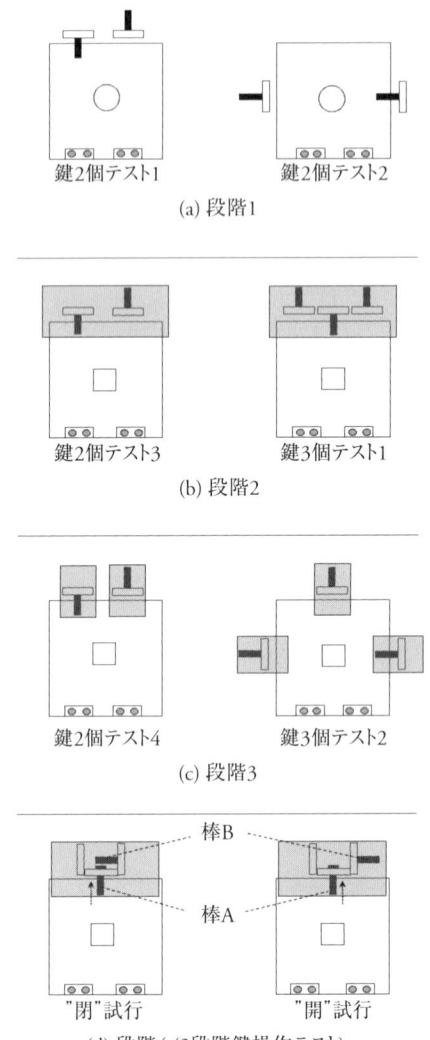

(d) 段階4 (2段階鍵操作テスト)

"閉"試行　　"開"試行

図 5-4　各テストの模式図。(a)〜(d) がそれぞれ段階 1〜4 (5-2〜5-5) に相当する。各図で，大きな正方形はふた，中央の小さな円／正方形は食物入れ容器，底辺上の刺激は 2 個のちょうつがいを示している。2 個の長方形のペアが 1 組の鍵を表しており，黒の長方形が棒，白の長方形が棒を挿し込んで固定する金具を示す。灰色の長方形が，透明または不透明の事前呈示用のアクリル板を表している。(d) は，「2 段階鍵操作テスト」における"閉"試行と"開"試行の例である。棒 A は，矢印で示した一方向にしか動かせなかった。そのため"閉"試行では，最初に棒 B を別の場所に動かす必要があった。

うとするキーアの動機づけの高さは変わらないと考えられた。キーアが鍵に関心を示さなくなるか，または3分経過しても課題を解決できない場合には，試行を終了した。

鍵2個テスト1

次に，鍵を2個設置した新たな状況で最初のテスト（図5-3 (b)；図5-4 (a)）を行った。予備訓練と同じふたの辺上に，同一の鍵を2個ならべて設置した。一方の鍵のみ，棒がふたの上に伸びており，棒をふたの上から取り去る操作が必要だった。他方の鍵では，棒がふたと逆向きに伸びており，操作の必要がなかった。操作が必要な鍵の位置は，カウンターバランス[48]した。鍵を固定する金属製金具の間の距離は，1 cmだった。1セッションは6回の試行とし，各個体について2（事前呈示あり，なし）×2（閉じられた鍵；右または左）×3（事前呈示時間；10秒，20秒，30秒）=12通りのテスト試行があった。テストは2セッションで行った。

鍵2個テスト2

2個の鍵を異なる辺上に配置して，第2のテスト（図5-4 (a)）を行った。「鍵2個テスト1」で鍵の置かれた辺の隣の2辺にそれぞれ1個ずつ鍵を設置した。鍵はそれぞれ辺の中央にあり，一方のみ操作が必要だった。2ヶ所の位置のどちらか一方だけに，操作が必要または不要な鍵を置いた訓練を12試行行ったあと，本テストを行った。試行の数と構成は，「鍵2個テスト1」と同じだった。

2) 鍵選択の効率性と探索性 ── 実験結果と考察

ビデオ録画した映像をノート型パーソナルコンピュータに取り込み，編集用ソフトウェア（Ulead VideoStudio 10）を用いて解析した。全テストにおけるキーアの操作行動を，表5-1にまとめている。「正反応試行数」は，キーアが「正しい鍵」すなわち棒をふたの上から取り除く操作が必要な鍵を，（事前呈示段階が終わった後の）課題解決のはじめに操作した試行数を示している。鍵の「操作」は，キーアのくちばしが金属製の棒に触れた状態で，棒が動くことと定義

---

[48] 実験に無関係な変数の影響を相殺するため，個体やセッション間で課題呈示の順序などを変えて統制する方法

表5-1 各テストおよび個体における鍵（段階3では板）の選択

段階		段階1		段階2		段階3		段階4
テスト		鍵2個 テスト1	鍵2個 テスト2	鍵2個 テスト3	鍵3個 テスト1	鍵2個 テスト4	鍵3個 テスト2	2段階鍵 操作テスト
テスト試行数		12	12	24	36	12	36	24
正反応試行数（各個体）	Kermit	**11	6	**23	**32	8	13	−
	Linus	9	7	**23	**35	5	14	0
	Zappei	**11	7	**21	**27	6	12	0
	Bruce	4	6	17	**31	7	13	0
	Frowin	5	5	14	**22	6	16	−
	Luke	**10	8	13	**25	7	−	0
	Mismo	8	6	−	−	6	12	0
事前呈示の効果	Z	-0.850	-0.577	-0.276	-1.219	-0.577	-1.289	
	p	0.395	0.564	0.783	0.223	0.564	0.197	
			右側試行数			右側試行数	中央試行数	
位置偏好（各個体）	Kermit		**12			**11	**32	
	Linus		9			**12	**28	
	Zappei		**11			**12	**34	
	Bruce		**0			**11	**30	
	Frowin		**11			**12	**18	
	Luke		*10			**11	−	
	Mismo		**12			**12	**4	

段階1～3については，正しい鍵（または板）を選択した試行数を各個体について示している。偶然レベルとの比較を個体別に示している。各テストについて，事前呈示あり，なし条件間の正しい選択をした試行数をWilcoxonの符号付順位検定で比較している（"事前呈示の効果"の箇所）。段階4については，キーアは常に不適切な棒（棒A）を最初に操作したため，正反応試行はなかった。位置偏好の見られた箇所については，特定の鍵（または板）（キーアから見て右側，または中央）を選択した試行数も示している。データのない箇所（"-"）は，キーアがテストを完遂できなかったことを示している。「鍵3個テスト2」のMismoについては，完遂した34試行についてのデータを示している。
**: $p < 0.01$; *: $p < 0.05$（統計的に意味のある差が確認された）（二項検定）

する。それぞれの鍵（段階3では板）を選択する割合の偶然レベルは，鍵が2個，3個の場合につきそれぞれ1/2，1/3とみなす。また，特定の鍵を常に操作する行動（位置偏好）が見られた箇所では，それも示している。「右側試行数」，「中央試行数」は，キーアから見てそれぞれ右側，中央の位置にある鍵（段階3では板）を最初に操作した試行数を示している。テストを遂行しなかった個体は，分析から除いた。また各テストについて，「事前呈示あり」「事前呈示なし」条

表 5-2 試行型ごとの反応時間（[a]：初発反応時間；[b]：課題解決時間）（全参加個体の平均）
(a) 初発反応時間（秒）

段階	テスト	試行型			
		不透明−正反応	透明−正反応	不透明−誤反応	透明−誤反応
段階1	鍵2個テスト1	2.776	2.445	2.842	2.700
	鍵2個テスト2	2.676	2.648	2.883	2.510
段階2	鍵2個テスト3	2.033	2.225	2.000	2.058
	鍵3個テスト1	1.758	1.833	1.760	2.420
段階3	鍵2個テスト4	2.079	2.100	1.874	2.117
	鍵3個テスト2	2.097	2.089	2.153	2.081
段階4	2段階鍵操作テスト	不透明−開	透明−開	不透明−閉	透明−閉
		2.060	2.047	1.983	2.137

(b) 課題解決時間（秒）

段階	テスト	試行型			
		不透明−正反応	透明−正反応	不透明−誤反応	透明−誤反応
段階1	鍵2個テスト1	5.686	5.621	10.950	11.410
	鍵2個テスト2	3.040	3.762	15.021	11.052
段階2	鍵2個テスト3	3.281	3.436	6.283	4.883
	鍵3個テスト1	2.533	2.486	3.697	4.133
段階3	鍵2個テスト4	2.824	2.821	6.605	6.081
	鍵3個テスト2	4.594	4.039	13.461	9.897
段階4	2段階鍵操作テスト	不透明−開	透明−開	不透明−閉	透明−閉
		3.780	3.447	13.850	11.070

件間の正反応の割合を比較検討して示している[49]。

　反応時間について，以下の2種類の指標を検討した。第1に初発反応時間，すなわち事前呈示段階が終わってスライド式扉が開き始めた時点から，キーア

---

49) Wilcoxonの符号付順位検定

表 5-3　各テストの反応時間についての分散分析（ANOVA）の結果
　　　　（[a]：初発反応時間；[b]：課題解決時間）

(a) 初発反応時間

段階	テスト	2×2 分散分析の結果		
		事前呈示の主効果	(鍵操作の) 正誤の主効果	事前呈示×正誤の交互作用
段階 1	鍵 2 個テスト 1	$F(1,3)=3.575$, $p=0.155$	$F(1,3)=2.098$, $p=0.243$	$F(1,3)=0.217$, $p=0.673$
	鍵 2 個テスト 2	$F(1,6)=7.596$, *$p=0.033$	$F(1,6)=0.079$, $p=0.788$	$F(1,6)=0.538$, $p=0.491$
段階 2	鍵 2 個テスト 3	$F(1,2)=0.074$, $p=0.812$	$F(1,2)=0.009$, $p=0.933$	$F(1,2)=31.355$, $p=0.030$
	鍵 3 個テスト 1	$F(1,3)=1.352$, *$p=0.329$	$F(1,3)=1.038$, $p=0.383$	$F(1,3)=0.630$, $p=0.485$
段階 3	鍵 2 個テスト 4	$F(1,6)=1.197$, $p=0.316$	$F(1,6)=2.133$, $p=0.194$	$F(1,6)=0.670$, $p=0.444$
	鍵 3 個テスト 2	$F(1,5)=0.630$, *$p=0.463$	$F(1,5)=0.098$, $p=0.767$	$F(1,5)=0.373$, $p=0.568$
段階 4	2 段階鍵操作テスト	事前呈示の主効果	(鍵の) 開／閉の主効果	事前呈示×(鍵の)開／閉の交互作用
		$F(1,4)=0.434$, $p=0.546$	$F(1,4)=0.041$, $p=0.850$	$F(1,4)=0.816$, $p=0.418$

(b) 課題解決時間

段階	テスト	2×2 分散分析の結果		
		事前呈示の主効果	(鍵操作の) 正誤の主効果	事前呈示×正誤の交互作用
段階 1	鍵 2 個テスト 1	$F(1,3)=0.053$, $p=0.832$	$F(1,3)=8.439$, $p=0.063$	$F(1,3)=0.640$, $p=0.482$
	鍵 2 個テスト 2	$F(1,6)=0.609$, $p=0.465$	$F(1,6)=24.103$, **$p=0.003$	$F(1,6)=0.923$, $p=0.374$
段階 2	鍵 2 個テスト 3	$F(1,2)=0.002$, $p=0.968$	$F(1,2)=6.898$, $p=0.120$	$F(1,2)=0.276$, $p=0.652$
	鍵 3 個テスト 1	$F(1,3)=5.626$, $p=0.098$	$F(1,3)=7.866$, $p=0.068$	$F(1,3)=2.302$, $p=0.227$
段階 3	鍵 2 個テスト 4	$F(1,6)=0.181$, $p=0.686$	$F(1,6)=15.433$, **$p=0.008$	$F(1,6)=0.279$, $p=0.616$
	鍵 3 個テスト 2	$F(1,5)=6.792$, *$p=0.048$	$F(1,5)=119.852$, ***$p<0.001$	$F(1,5)=3.459$, $p=0.122$
段階 4	2 段階鍵操作テスト	事前呈示の主効果	(鍵の) 開／閉の主効果	事前呈示×(鍵の)開／閉の交互作用
		$F(1,4)=12.899$, *$p=0.023$	$F(1,4)=30.963$, ***$p=0.005$	$F(1,4)=4.821$, $p=0.093$

**: $p < 0.01$; *: $p < 0.05$（統計的に意味のある差が確認された）

の体が課題を解くために装置に乗った時点までの時間（中央値）を分析した。第 2 に課題解決時間，すなわちキーアの体が装置に乗った時点から，正しい鍵をふたの上から取り除いた時点までの時間（中央値）を検討した。テスト試行数が限られているため，異なる事前呈示時間を分けた分析は行わなかった。全

テストについての反応時間を，表 5-2 に示している。これらの指標について，事前呈示の条件および鍵の選択の正誤を別々に分析するため，テスト試行を以下の4つの反応型に分けた。(a) 不透明—正反応：「事前呈示なし」条件（不透明板を使用）で，キーアが課題解決のはじめに正しい鍵を操作した試行。(b) 不透明—誤反応：「事前呈示なし」条件（不透明板）で，はじめに誤った鍵を操作した試行。(c) 透明—正反応：「事前呈示あり」条件（透明板）で，はじめに正しい鍵を操作した試行。(d) 透明—誤反応：「事前呈示あり」条件（透明板）で，はじめに誤った鍵を操作した試行。2種類の指標それぞれについて，事前呈示および操作の正誤の効果を統計的に検討[50]した結果を，表 5-3 にまとめている。

鍵2個テスト1

少なくとも3個体が，操作を必要とする鍵を解決の最初から適切に選択していた。また，キーアは操作不要な鍵を最初に操作した誤反応試行で課題解決にやや長い時間を要していたが，事前呈示あり，なし条件間で遂行成績に差は見られなかった。最初の事前呈示あり，なし試行だけを比較しても，初発反応時間，課題解決時間ともに差は見られなかった（p 値が 0.05 以上[51]）。また，第1，第2セッションを比較しても，正反応試行数に有意差は見られず（p 値が 0.05 以上[52]），テスト内で正しい反応を学習したという証拠はなかった。

鍵2個テスト2

5個体が，キーアから見て右側の鍵を常に選択する傾向にあり，Bruce は常に左側の鍵を選択していた。すなわち，キーアは事前呈示のあり，なしに関わらず，どちらか一方の決まった鍵に最初に行く強い傾向（位置偏好）を示した。初発反応時間の結果から，キーアは扉が開いた直後に「事前呈示あり」条件で「事前呈示なし」条件よりもやや短い時間で装置の上まで来ていた。課題解決時間については，誤反応試行のほうが正反応試行よりも課題解決に長い時間を

---

50) 事前呈示の有無 (2) および鍵操作の正誤 (2) をともに個体内要因とする，反復測定による二元配置の分散分析
51) 対応のあるサンプルの t 検定
52) Wilcoxon の符号付順位検定

要していた[53]が，事前呈示の積極的な効果は見られなかった。

「鍵 2 個テスト 1」でキーアは 2 個の鍵のうち操作が必要な方を適切に選択して課題を解いたが，「鍵 2 個テスト 2」では一方の側の鍵を最初に操作する位置偏好が見られた。一方，事前呈示段階が解決を促進するという明白な証拠は得られなかった。「鍵 2 個テスト 2」では「事前呈示あり」条件で初発反応時間がやや短かったものの，それだけではプランニングの積極的な証拠にはなり難いと思われる。プランニングを示唆する証拠が得られなかった理由のひとつに，事前呈示中に必ずしも鍵を観察する必要がなく，キーアが十分に鍵に注意を向けていなかった可能性が考えられる。また，事前呈示のあとでキーアを反対の副区画に一度戻したため，事前観察の効果が結果に現れにくかったのかもしれない。5-3 では，事前呈示の方式を改良するとともに，より複雑な課題も導入することで，キーアの鍵開け行動とプランニングをさらに検討する。

5-3 １枚の事前観察板を用いた課題

5-3（段階 2）では，事前呈示の方式を簡略化する。大きなスライド式の板ではなく，鍵の上部だけを覆う小さな 1 枚のアクリル板を使い，キーア自身が板を鍵の上から取り除いて課題を解く方式にする。キーアが事前に解決方略をプランニングしていれば，透明の板が鍵の上に置かれており鍵を事前観察できた条件の方で，不透明の板が置かれて鍵を見られなかった条件よりも，課題をより素早く効率的に解くことが予想される。5-2（段階 1）とくらべて，事前呈示の後で副区画にいったんキーアを戻す必要がないため，事前観察中の内的過程がより直接的に鍵の操作に反映される可能性がある。また，第 2 番目のテストでは，鍵の数を 3 個に増やす。課題をより複雑にすることで，課題を解き始める前のプランニングを促進できる可能性が予想される。

---

53) 表 5-3(b) で正誤の主効果が有意

1）新たな実験装置と手続き

5-2のテストと同じ7個体が参加した。装置および実験刺激は，以下の点を変更した。事前呈示用の大きなアクリル板は使わず，2枚のアクリル板（8.5 cm×18 cm×1.6 cm）をそれぞれ事前呈示の条件用に用いた。「事前呈示あり」条件の板は透明だったが，「事前呈示なし」条件の板は表面全体に黒色のビニルテープを貼り付けて不透明にした。板の4ヶ所の隅にねじを取り付け，板を鍵の上にかぶせる形で置いた。また，ふたの下に金属製のばね（4 cm）を取り付け，棒がふたの上から取り除かれた瞬間にふたが自動的に少し持ち上がるようにした。ふたの取っ手は取り外した。ふたの下の食物入れ容器は，キーアに壊されないように木製のマス状のもの（4.5 cm×4.5 cm×2 cm）に取り換えた。

鍵2個テスト3

鍵1個だけを設置して，新たに導入した刺激にキーアを数セッション慣らせ，課題への動機づけの高さが十分であることを確認した。これ以降のテストでは，10日以上の間隔を空けてテストを行ったため，テスト前に同様の再訓練を行った。その後，「鍵2個テスト3」（図5-4（b））に移行した。ボール紙を装置の前から取り去った後，実験者はそのまま10秒，20秒，または30秒間待った。この間，キーアは反対側の副区画から装置を観察できたが，装置側に来ることはできなかった。その後実験者がスライド式扉を開け，キーアは装置の上に乗って課題を解くことができた。鍵の上部に透明（「事前呈示あり」）または不透明（「事前呈示なし」）のアクリル板を置き，2条件を同じ回数ずつ呈示した。キーアは事前呈示用の板を鍵の上から取り除いてから鍵を操作する必要があった。5-2の「鍵2個テスト1」と同様に2個の鍵を設置し，うち一方のみ操作が必要だった。2（事前呈示）×2（閉じられた鍵；右または左）×3（待機時間；10, 20, 30s）= 12通りのテスト試行があり，12試行を1ブロックとした。1セッションは6試行とし，十分なテスト試行数を得るために2ブロック行ったため，テストは計4セッションだった。

鍵3個テスト1

1個の鍵，および「鍵2個テスト」と同じ配置で2個の鍵を設置して数セッションの再訓練を行ったあと，鍵の数を3個に増やしたテスト（図5-4 (b)）を行った。ふたの1辺上に，3個の鍵を並べて設置した。1個の鍵のみ，棒がふたの上に伸びており，外す操作が必要だった。事前呈示の仕方は，「鍵2個テスト3」と同じだった。2（事前呈示）×3（閉じられた鍵；右，中央，左）×3（待機時間；10, 20, 30秒）= 18通りのテスト試行があり，18試行を1ブロックとした。1セッションは6試行とし，十分なテスト試行数を得るために2ブロック行ったため，テストは計6セッションだった。

2) 適切な鍵を選択する —— 実験結果と考察

鍵2個テスト3

Mismoはテストセッション中に課題を解かなくなったので，分析はテストをすべて遂行した6個体について行った。これらの個体のうち3個体が，正しい鍵を偶然レベル（1/2）より有意に高い割合で課題解決のはじめに選択した。第1，第2テストブロック間で，正反応の試行数に差は見られなかった（p値が0.05以上[54]）。初発反応時間[55]および課題解決時間の分析結果からも，事前呈示がキーアの課題遂行を促進したという示唆は得られなかった。最初の事前呈示あり，なし試行の間でも，初発反応時間，課題解決時間ともに差は見られなかった（p値が0.05以上[56]）。

鍵3個テスト1

Mismoは参加せず，他の6個体がすべてのテスト試行を遂行した。キーアは正しい鍵を適切に選択しており，第1，第2テストブロック間でも差は見られなかった（p値が0.05以上[57]）。課題解決時間については，仮説とは逆に「事前呈示あり」条件のほうが「事前呈示なし」条件よりもやや長い傾向にあった。最初の事前呈示あり，なし試行の間でも，初発反応時間，課題解決時間と

---

[54] Wilcoxonの符号付順位検定
[55] 事前呈示×正誤の交互作用のみ有意
[56] 対応のあるサンプルの t 検定
[57] Wilcoxonの符号付順位検定

もに差は見られなかった（p 値が 0.05 以上[58]）。これらから，事前呈示段階がキーアの課題遂行を促進するという示唆は得られなかった。

　本段階 (5-3) では，操作が必要な鍵を解決のはじめに正しく選択する傾向が段階 1 (5-2) より顕著に見られた。類似した鍵の配置でテストを繰り返したため，キーアが次第に適切な操作を学習し，新たな配置にもそれを般化させた可能性がある。一方，反応時間の結果から，誤反応試行では解決に長い時間を要していたが，事前呈示の効果についての結果は否定的だった。すなわち，キーアが課題を解きはじめる前に解決方略をプランニングしているという示唆は得られなかった。しかし，ここまでの結果では，キーアが事前呈示中に鍵について何らかの情報を得たのかはっきりしない。キーアは事前呈示の板を操作した後にはじめて鍵を見たのかもしれない。そこで段階 3 (5-4) では，個々の鍵の上に小さな事前呈示用の板を置く。もしキーアが事前呈示中に鍵についての情報を得ていれば，操作が必要な鍵の上にある板だけをどけて適切に課題を解くと考えられる。

5-4 | 小さな事前観察板を用いた課題

　5-4（段階 3）では，個々の鍵を覆う小さな事前呈示の板を導入し，2～3 個の鍵を設置してテスト行う。「事前呈示なし」条件ではどの鍵の操作が必要か分からないため，正反応の割合は偶然レベルになると考えられる。また，鍵が 3 個のより多様な配置の課題も用いることで，課題解決の開始前におけるキーアのプランニングを促進できる可能性がある。もしキーアが板の上から鍵を観察しているときにどの鍵を操作すべきか認識していれば，「事前呈示あり」条件（透明板）のほうが「事前呈示なし」条件（不透明板）よりも高い割合で，試行の最初に"正しい板"すなわち操作が必要な鍵の上に置かれた板を，適切に操作すると予想される。

---

[58] 対応のあるサンプルの t 検定

1) 新たな装置と手続き

5-3の終了後，5ヶ月後に本段階を開始した。Mismoも含む7個体が参加した。装置と実験刺激の構成要素は，以下の点のみ変更した。事前呈示用に，1個の鍵の上だけを覆う小さなアクリル板（8.5 cm×6 cm×1.6 cm）を鍵の数と同数用いた。事前呈示の板は透明（「事前呈示あり」）かまたは黒のビニルテープを表面に貼り付けて不透明にした（「事前呈示なし」）アクリル板で，5-3と同様に，板の4ヶ所の隅にねじを取り付けた。

鍵2個テスト4

鍵1個だけを用いて小さなアクリル板にキーアを慣れさせた後，「鍵2個テスト4」（図5-4（c））を行った。「鍵2個テスト1」と同様に，2個の鍵をふたの同じ辺に設置し，一方のみ操作が必要だった。それぞれの鍵の上に小さな事前呈示板を置き，板どうしの間には小さな隙間を空けた。試行の構成は「鍵2個テスト1」と同じで，12試行が1テストブロックを形成していた。テストは1ブロックすなわち2セッション行った。

鍵3個テスト2

続いて，鍵を3個に増やし，新たな鍵の配置によるテスト（図5-4（c））を行った。鍵1個による再訓練の後，ふたの3辺それぞれの中央に鍵を1個ずつ置いた。1個の鍵のみ操作が必要だった。「事前呈示なし」条件では，事前呈示板の4辺の側面を木片で覆ってビニルテープを貼り，横から鍵が見えないようにした。試行の構成は「鍵3個テスト1」と同様で，テストは2ブロックすなわち6セッション行った。

2) 事前観察の効果はあるか？ ── 実験結果と考察

鍵2個テスト4

7個体すべてがテストを遂行した。本段階では，「正反応試行」は操作が必要な板，すなわち操作を必要とする鍵の上にある板を，キーアが解決の初めに操作した試行を示している。「誤反応試行」も同様に，操作が不必要な板を解

決の初めに操作した試行と定義する。板の「操作」は，キーアのくちばしまたは脚が板の一部に触れた状態で，板が動くことと定義する。正しい板を最初に操作した試行数は，偶然レベルと差がなかった。キーアは，自身から見て右側の板を最初に操作する位置偏好を強く示した。鍵が見えない「事前呈示なし」条件でも同様の位置偏好が見られ，Bruce の 1 試行を除く全試行でキーアは右側の板を最初に操作していた。課題解決時間の分析から，正誤の主効果が有意で，誤反応試行のほうが正反応試行よりも解決に長い時間を要していた。しかし，事前呈示によってキーアの課題遂行が促進されるという示唆は得られなかった。

鍵 3 個テスト 2

Luke はテストの途中で課題を遂行しなくなったため，分析から除外した。他の 6 個体はテストを遂行したが，Mismo は第 1 セッション中の 2 試行で装置に来なかったため，これらの試行は除外した。5 個体が，中央の板を最初に操作する傾向を示し，Mismo では右側の板を選択した割合が高かった（p 値が 0.001 未満[59]）。鍵が見えない「事前呈示なし」条件だけを分析しても，同様の位置偏好が見られた（p 値が 0.001 未満[60]）。課題解決時間は，最後のテスト試行で最初のテスト試行よりも有意に短かった（p 値が 0.05 未満[61]）。全テストセッションを含めての課題解決時間では，事前呈示と正誤の主効果がともに有意だった。事後比較の結果，「透明―誤反応」と「不透明―誤反応」，「不透明―正反応」と「透明―正反応」の間にそれぞれ有意差は見られなかった（p 値が 0.05 以上[62]：図 5-5 (a) も参照）。すなわち，誤反応試行については，統計的な有意差には至らないものの「事前呈示あり」条件で「事前呈示なし」条件よりも課題解決時間がやや短かった。一方，正反応試行については，事前呈示の効果は見られなかった。

「鍵 2 個テスト 4」では，キーアは事前呈示条件に関わらず，一方の側の板をはじめに操作する位置偏好を強く示した。一方，3 個の鍵を異なる辺上に設

---
59) 1/3 二項検定
60) 1/3 二項検定
61) 対応のあるサンプルの t 検定
62) 対応のあるサンプルの t 検定（Bonferroni 補正あり）

置して難度を上げた「鍵3個テスト2」では，特定の板を最初に操作する位置偏好が見られたが，事前呈示の効果も示唆された。すなわち誤反応試行では，統計的な有意差には至らないものの，「事前呈示あり」条件で「事前呈示なし」条件より課題解決時間が短い傾向にあった。これは，一度不適切な操作をした後で，事前呈示のあった条件のほうが素早く行動を修正した傾向を示している。キーアは板の上から鍵を見ている際に，鍵の選択についての情報を得ていたのかもしれない。一方，正反応試行では，課題解決時間に事前呈示あり，なし条件間の差は見られなかった。これは，「事前呈示なし」条件のみで板の側面に木片を付加したが，課題遂行には影響がなかったことを示唆している。本段階までの課題は，複数の鍵からひとつを選択するだけのものだった。より複雑な状況も導入することで，プランニングについてのより強い示唆が得られる可能性がある。5-5 では，2段階の鍵操作が必要な新たな課題を導入する。

5-5 | 2段階の鍵操作を必要とする課題

5-5（段階4）では，より複雑な構造の課題により，キーアのプランニングをさらに検討する。すなわち，2本の棒を決まった順序で段階的に操作することではじめてふたを開けることができるという，新たな鍵を用いる。5-4 までのものより複雑で難度の高い課題を用いることで，キーアが課題を解く前に将来の行動をプランニングしているならば，課題を事前に観察していたことの効果がこれまでよりも強く見られることが予想される。

1) 新たな装置と手続き

Luke, Mismo を含む 7 個体が参加した。装置および実験刺激は，以下の点が 5-4 と異なっていた。図 5-4(d) に示すように，鍵をキーアの側から最も近いふたの辺に設置した。まず以前のテストと同様に，アルミニウム製の棒（4.5 cm；棒 A）と金属製の金具からなる 1 組の鍵を，棒がふたの上に伸びるように設置した。棒 A を 1 方向にしか押せないように，ふたと反対側の棒 A の先端にアクリル小片を貼り付けた。アクリル小片は，目立ちやすいように黒く塗っ

た。棒 A のための金具の両端に，同じ金具をふたの辺と垂直に設置した。これらの金具のいずれかに，2 本目のアルミニウム製の棒 (4.5 cm；棒 B) をはめ込むことができた。事前呈示用の板として，条件ごとに各 1 枚のアクリル板 (9.5 cm×19 cm×1.6 cm) を用いた。「事前呈示あり」条件には透明の板，「事前呈示なし」条件には黒ビニルテープを表面に貼り付けた不透明の板を用いた。これらは 5-3 のものに類似していたが，やや大きかったため，キーアが側面から鍵を見ることは難しいと考えた。

2 段階鍵操作テスト

キーアを新たな実験刺激に慣れさせるため，棒 A を鍵として設置し，棒 B を装置上の鍵とは別の場所に置いた状態で訓練セッションを行った後，「2 段階鍵操作テスト」(口絵 4；図 5-4 (d)) を行った。テストセッションにおける"閉"試行では，棒 B が棒 A のある向きに伸びており，"開"試行では，棒 B が棒 A と逆向きに伸びていた。"閉"試行では，棒 B が棒 A の動く軌道をふさいでいたため，キーアはまず棒 B を棒 A の隣以外の場所に動かし，次に棒 A を押してふたを開ける必要があった。"開"試行では，棒 B は棒 A の動きを妨害していなかったため，棒 A を押すだけでふたが開いた。2 (事前呈示)×2 (棒 B の開閉："開"または"閉")×2 (棒 B を置く側；右または左)×3 (待機時間；10, 20, 30 秒) = 24 通りのテスト試行があった。1 セッションを 6 試行として，4 セッションでテストを行った。

2) 誤りを素早く修正する —— 実験結果と考察

2 段階鍵操作テスト

Kermit は第 3 テストセッションの第 4 試行まで，"閉"試行を解けなかった。Frowin はテストの間実験に対する動機づけが低く，第 4 テストセッションの途中で課題を解かなくなった。これらの個体は，分析から除外した。残りの 5 個体は，すべてのテスト試行で鍵を開けることに成功した。これらの個体は，すべてのテスト試行で課題解決のはじめに棒 A，すなわちふたの上に伸びた棒を操作した。棒 B を最初に操作した試行はなかった。そのため"開"試行では最初の操作で鍵を外すことができたが，"閉"試行では最初の操作では棒 A を

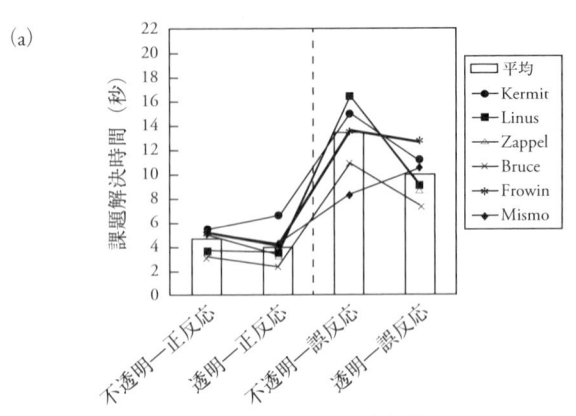

図 5-5 「鍵 3 個テスト 2」(段階 3;5-4)および「2 段階鍵操作テスト」(段階 4;5-5)における,各個体および試行型ごとの課題解決時間。

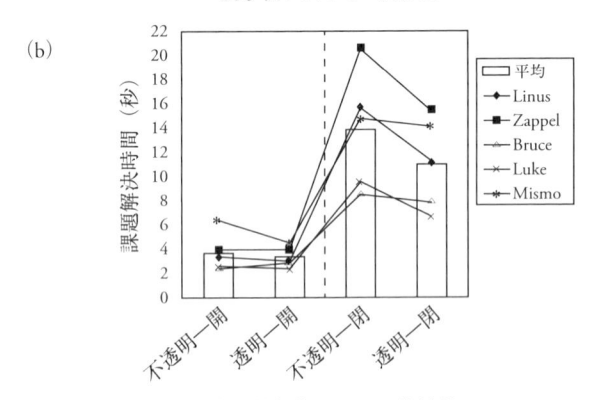

動かせず,その後棒 B を動かした後で棒 A を外すことに成功した。

　反応時間について,このテストでは正反応と誤反応を区別するのは適切でないと思われたので,事前呈示条件,および棒 B が棒 A の動きを妨害していた("閉"試行)か否か("開"試行)に基づき,試行を以下の 4 つの反応型に分けた。(a) 不透明―開:「事前呈示なし」条件における"開"試行。(b) 不透明―閉:「事前呈示なし」条件における"閉"試行。(c) 透明―開:「事前呈示あり」条件における"開"試行。(d) 透明―閉:「事前呈示あり」条件における"閉"試行。"閉"試行の課題解決時間は,最後のテスト試行では最初のテスト試行よ

り有意に短かった（p 値が 0.01 未満[63]）。全テストセッションを含めての課題解決時間では，事前呈示および（鍵の）開／閉の主効果がともに有意で，これらの交互作用も有意傾向を示した。事後比較の結果，「透明—閉」試行で「不透明—閉」試行より反応時間が短かった（p 値が 0.05 未満[64]）が，「不透明—開」試行と「透明—開」試行の間ではその差は見られなかった（p 値が 0.05 以上；図 5-5（b）も参照）。すなわち，2 段階の操作が必要な"閉"試行では，キーアは「事前呈示あり」条件で「事前呈示なし」条件よりも短い時間で課題を解いていたが，1 段階の操作しか必要でない"開"試行では，同様の傾向は認められなかった。

　このように 5 個体が，2 段階の鍵の操作を必要とする課題を全試行で解いた。これは，複雑な構造の課題を解くキーアの優れた能力を示していると思われる。また，キーアはすべての試行で棒 A，すなわちふたの上にかかっている鍵をはじめに操作した。キーアはふたの上に伸びている鍵を操作する学習を以前に重ねてきたため，それが般化した可能性がある。しかし，この行動はテストを通して一貫していたため，特定の操作に固執するキーアの傾向をも反映したものかもしれない。反応時間の結果は，5-4 の「鍵 3 個テスト 2」と同様の事前呈示の効果を，より強く支持していると思われる。2 段階の操作が必要な"閉"試行では，「事前呈示あり」条件で「事前呈示なし」条件よりも課題解決時間が有意に短かった。これは，適切な操作系列（棒 B→棒 A）と異なる棒 A の操作を一度した後で，キーアが鍵を事前観察できた条件のほうでより素早く行動を修正したことを示している。一方，1 段階の操作しか必要でない"開"試行では，事前呈示あり，なし条件間で解決時間時間の差は見られなかった。これは，"閉"試行で「事前呈示あり」条件のほうが課題解決時間が短かったのは，刺激の新奇性を好むことのような要因によるものではないこと示唆している。

---

[63] 対応のあるサンプルの t 検定
[64] 対応のあるサンプルの t 検定（Bonferroni 補正あり）

5-6 キーアの計画能力とそれを規定する要因

キーアの鍵開け遂行と行動傾向

　第5章では，オウムの1種キーアにおける物体操作行動の特徴と問題解決開始前のプランニングを，棒を金具から取り除く方式の鍵を設置した鍵開け（人工果実）課題を用いて検討した。ふたの周囲に鍵が種々の仕方で設置された一連のテストで，キーアはくちばしの操作によって鍵を外し，ふたの下に置かれた食物を得ることができた。新たな課題を課された複数のテストにおいて，キーアは個体によって2～3個の鍵の中から操作を必要とする鍵を適切に選択して課題を解くことができ（段階1～3），2段階の操作を必要とする複雑な構造の鍵をも開けることができた（段階4）。

　これらの物体操作は，キーアの鍵開け課題を解こうとする高い動機づけを示すものだと思われる。Adams-Curtis and Fragaszy (1995) はフサオマキザルに，レーズンを得るために3種類の異なる部品を固定された順序で動かす必要のある，掛け金課題を課した。課題を解くことを習得したのは子供のメス1個体だけだった。学習の過程を分析した結果，学習のはじめにはでたらめに部品を触って，解けなければ別の部品の操作を試みるという効率の悪い方略をとっており，第5セッションでようやくすべての掛け金を外すことを習得した。どの部品を最初に操作すべきかの習得が非常に困難だった。これは，別々の部品に対して別々の行動をとりつつ，適切な順序で反応することはフサオマキザルにとって容易ではないことを示唆している（Fragaszy et al., 2004 も参照）。こうした知見を考慮すると，キーアが2段階の操作を必要とする複雑な鍵開け課題を解決できたのは，特筆されることであろう。

　一方，キーアはしばしば特定の位置にある鍵を操作する位置偏好や探索的行動のような，非効率的と思われる行動傾向を固執的に示していた。5-2（段階1）の「鍵2個テスト2」では，テスト区画の入り口からより近くにある，キーアから見て右側の鍵を最初に操作する位置偏好が見られた。同様に5-4（段階3）の「鍵2個テスト4」では，キーアから見て右側の事前呈示板を最初に操作す

る位置偏好が見られた。「鍵3個テスト2」では，中央または右側の事前呈示板を最初に操作する傾向が見られた。5-5（段階4）の「2段階鍵操作テスト」では，キーアはすべての試行で，ふたの上に伸びた棒を最初に操作しようとする不適切な行動を示した。すなわち，キーアは2段階の鍵操作を必要とする複雑な課題についても，異なる種類の操作が必要であることを次第に学習し，短い時間で効率良く課題を解くようになった。しかし，どちらの操作行動を先に取るべきかについては，理解していないか学習しようとしなかったように思われる。

　こうした固執的な行動は，訓練中に固定された位置にある同じ鍵を繰り返し操作したことによる強化の効果とも考えられるが，課題が要求する因果関係を理解していない際に，位置偏好のような単純で大まかな方略をとる傾向をも反映している可能性がある。また，試行錯誤的な方略を使っていてもキーアは常に鍵開け課題を解くことができたため，「最も近い鍵の所に最初に行く」「棒Aをいつも最初に操作してみる」といった方略をとっていても，さほど損失がなかったのかもしれない。いずれは食物を得られるため，最も近くにある鍵，あるいは1/2や1/3の確率で「正しい」鍵を最初に確認しておいても，あまり遅延はなかったことが考えられる。したがって，本章の研究でキーアの物体操作を規定していた主要な要因は，探索性，試行錯誤による学習，課題や装置のアフォーダンスについての学習，といったものである可能性がある。初期のテストでは各テスト内での学習の明白な証拠はなかったが，課題が複雑になるにつれて，テストの初めから終わりにかけて課題解決時間が短くなる傾向が見られた。そのため，キーアは各テスト内では解決につながる方略をすぐに掴むか，または短期間のうちに学習したが，その後課題が新たなものに変わった際には，課題と無関係な要素の影響を受けて，直接は食物の獲得につながらない刺激パーツを操作する場合があったと推測できるだろう。こうした傾向は，野生下のキーアの採食で見られる日和見的な探索行動とも矛盾しない。

課題解決開始前のプランニング

　事前呈示の効果については，多くのテストで結果は否定的であり，キーアが将来の行動をプランニングしているという示唆は得られなかった。初期のいく

つかのテストで，初発反応時間のデータに事前呈示の効果が見られたが，それだけではプランニングの十分な証拠にはなり難いと思われる。しかし5-4（段階3）の「鍵3個テスト2」で，3個の鍵を離れた位置に置いたやや複雑な課題を課すと，キーアは最初の操作が誤りであった試行について，「事前呈示あり」条件で「事前呈示なし」条件にくらべて操作行動を短い時間で修正して課題を解決する傾向を示した。同様の傾向が，2段階の鍵操作を必要とするより複雑な構造の課題を用いた5-5（段階4）で，より強く見られた。つまり，キーアは最初の鍵操作の正確さという点ではプランニングの証拠を示さなかったが，課題の負荷が高くなるにつれて，いったん不適切な行動を出力したあとで行動を素早く修正するという点で，事前呈示の効果を示した。この傾向は，同一テスト内でも誤反応試行または"閉"試行だけで見られ，正反応試行または"開"試行では見られなかったため，新奇な刺激に対する選好や，事前呈示あり，なし条件における事前観察板の見た目の違いによるものではないと思われる。

　これらの解釈として，キーアが「2段階鍵操作テスト」（段階4）で事前呈示中に課題についての情報を得て，解決の方略を潜在的にプランニングしていた，というものが挙げられる。すなわち，キーアは課題を解きはじめる前に，まず棒Bを動かし，次に棒Aを操作することをプランニングしていた可能性があるが，はじめは常に棒Aを確認し，うまくいかなかった場合にはじめて，事前にプランニングした内容を利用し始めた可能性がある。はじめに棒Aを確認することでふたが開いた場合には行動を修正する必要がないので，不適切な反応をした試行だけでこうした効果が見られたことが説明できる可能性がある。ひとつ前の「鍵3個テスト2」（段階3）でも，課題解決時間について類似した傾向が見られたことも，こうした解釈を支持するものだと考えられる。最後の2つのテストでは，それ以前のテストにくらべて課題解決に要した時間が長かったため，これらの課題はキーアにとって負荷の高いものだったと思われる。そのことが，解決方略をプランニングすることを促進したのかもしれない。これらの結果は，キーアは主として探索的で試行錯誤的な方略によって問題解決をするが，そうした方略で解決に成功しない場合には，より高次な内的過程をも使うという見方を支持するものといえる。

　こうした，探索性や固執性を示しつつも「潜在的プランニング」をしている

ことを示唆するキーアの行動および認知的な特徴は，キーアの生態，および生息地であるニュージーランドの環境への適応の観点から理解できる可能性がある（Huber and Gajdon, 2006; Huber et al., 2008）。第 1 に，キーアやその祖先が 100 万年以上前から生息してきたと考えられるニュージーランド（Diamond and Bond, 1999）には，キーアの天敵が少ない。ニュージーランドは約 8000 万年前に大洋の拡張に伴ってゴンドワナ大陸から隔てられたとされる，いわば原始大陸のかけらである。原始大陸から分かれて以来，ニュージーランドにはヒトが持ち込むまで 2 種のコウモリをのぞいて哺乳類がおらず，爬虫類もムカシトカゲ（*Sphenodon punctatus*）などの限られた種しか生息していなかったと考えられている。約 1000 年前に絶滅したとされる大型のワシであるハルパゴルニスワシ（*Harpagornis mooeri*）などはキーアを捕食した可能性があるが，大型の地上性の捕食者がいなかったことは重要な特徴だといえる。第 2 に，キーアの生息地では食物資源が乏しい。キーアの最も主要な食物源はブナの木であり，季節によって芽や葉，実などを食べている。しかし，ブナ林の資源だけではキーアの生存に十分ではなく，キーアは季節ごとに移動しながらあらゆる食物を探さねばならない。キーアは春には高山帯の草地にあるヒナギクの根を掘り，夏には高山帯の灌木林で果実や葉，木の実や花を食べ，秋にはブナ林でブナの新芽や若葉を食べ，食物が最も枯渇する冬には，林床に残された果実や動物の死骸を食べて飢えをしのぐ（Diamond and Bond, 1999）。

　こうした環境下で，キーアは強い新奇対象選好の傾向や多様な遊び行動を進化させ，執拗な物体操作や探索的行動に長い時間を費やすようになったと考えられている（Schloegl et al., 2009）。このような物体操作傾向は，飼育下でもとくに若い個体で顕著に観察されている（Auersberg et al., 2009）。これは，本章の研究でも成鳥よりむしろ準成鳥個体のほうが実験に協力的に見えたこととも矛盾しない。これらから，本章のテストの多くで見られた探索的で試行錯誤的な行動は，Schloegl et al. (2009) における筒の探索行動とも同様で，キーア特有の生息環境における適応的方略を反映したものである可能性がある。捕食されるリスクが低いため，採食中にあまり警戒する必要がなく，こうした行動が淘汰されにくかったのではないだろうか。

　しかしながら，常にこうした探索的な採食戦略をとることは，あまりに非効

率的でエネルギーの損失も大きいだろう。過去には被捕食の危険も多少はあったはずだし，食物をめぐる同種他個体や他種との競合もあったに違いない。したがって，少なくともある程度はプランニングをすることは，十分適応的になりうる。探索性と「潜在的プランニング」の可能性を同時に示唆する本章の研究結果は，キーアの試行錯誤的傾向と高い認知能力との妥協点を示唆しており，それが本種の問題解決において少なくともある程度の行動的柔軟性を可能にしているのではないだろうか。こうした見方は，オウムでは他の鳥類にくらべて哺乳類の大脳新皮質に相当すると思われる脳領域のサイズが大きいという神経解剖学的知見（Iwaniuk et al., 2005; Emery and Clayton, 2004）とも矛盾しない。

　著者は第3章で，鳥類と哺乳類が分岐する前の共通祖先がすでにプランニング能力を持っていた可能性を論じた。その議論が正しければ，ニュージーランドが原始大陸から分かれた際のキーアの祖先は，すでにある水準以上のプランニング能力を持っていたことが推測できる。キーアもまた，多様な種と同様にプランニングに対する共通の選択圧を一定以上は受けたのかもしれない。第5章の実験結果は，プランニング能力の個別の発現様態は固有の生活史による影響を強く受けるが，ある水準以上のプランニング能力は多様な種が持っている，という見方を支持する事例だと考えられる。

第6章

種間比較：幼児の迷路計画と抑制

6-1 ヒト幼児の計画能力と鳥類との比較

　第6章では，第2章と第3章でハトに用いたものと同じコンピュータ画面上の迷路課題を応用することで，ヒト幼児のプランニングを検討する（Miyata et al., 2009）。本書で用いているコンピュータ画面上の迷路課題の有益な点は，ヒトも含めた霊長類など，多様な種に対して同じ課題を課すことで，系統的に離れた種間での認知能力の直接的な比較が可能になることである。この同じ迷路課題のパラダイムを，ハトとヒト幼児のような系統的に遠い2種に対して課すことは，比較認知科学の観点（藤田，2004）から有益であろう。第3章でも述べたように，鳥類のハトと霊長類のヒトは，系統発生学的に遠く離れている。さらに，ヒトの成人でなく幼児を対象とする場合，進化史だけでなく発達段階という軸についても，2種が異なっていることになる。このように複数の軸で種間の差異があっても，同じ課題をそれらの種に課すことができれば，類似した行動が観察される可能性がある。そうした場合，それは，多様な生態学的ニッチと神経基盤を持つ種間に共通する自然選択圧が存在し，そうした圧力の影響によって，多様な種間で同じ内的な問題解決過程が共有されていることを強く示唆すると考えられる。こうした観点から，プランニングは遠く離れた種間での比較研究を行うのに適した認知過程だとも考えられる。なぜなら，多様な種がプランニングをすることによっておそらく同様の利益を得るだろうと考えられるからである。

　ヒトにおける認知発達の文脈では，プランニングは多様な年齢および実験場

面において検討されてきた (Bauer et al., 1999; Friedman et al., 1987; Friedman and Scolnick, 1997; McCarty et al., 1999 等を参照)。たとえば伝統的には，パズルの1種であるハノイの塔課題[65]や，食品店へのおつかい課題といった，一定の制約下で一連の要素を順序立てて計画する必要のある課題が，実験室で小学生のプランニングを検討する手法としてしばしば用いられてきた。より最近の議論では，生後数ヶ月齢の乳児の見つめる行動や，口に入ったものを強く吸う原始反射である吸てつ反応，初期のリーチング（対象物に向かって手を伸ばす行動），模倣行動などが，予見ないし予見的制御，すなわち原初的な行動のプランニングという文脈で議論されている（たとえば Claxton et al., 2003; Cox and Smitsman, 2006a, b)。こうした証拠は，ある種の未来志向的で目標志向的な行動が，発達のきわめて初期の段階ですでに存在しているという見方を提示していると考えられる。したがって，Cox and Smitsman (2006b) も論じているように，プランニングはある年齢で突如として出現するものとはとらえるべきでないだろう。むしろプランニングは，出生時にすでに存在していて発達途上にある複数の関連した心的過程から，それらとともに連続的に発達するものだと考えられる。そのため，各々の発達段階における，さまざまな水準でのプランニングを，当該の発達段階おける適切な課題を用いて検討することに重要な意義があると考えられる。

　迷路課題や回り道課題は，ヒト幼児における発達研究の文脈でさまざまなやり方で用いられてきた。とくに，実際の3次元空間での実験場面で，幼児の空間内での運動を検討した研究が過去には多い。古くは Piaget (1954) が，表象能力が発達するとされる感覚運動期第6段階（18〜24ヶ月齢）の乳児が，3次元空間内での移動課題で，目標地点やそれに至る経路を直接見ることができない状況で，目標地点に行くための回り道ができるようになると主張した。Diamond (1990, 1991a, b) は，1歳代後半の幼児が，1方の側だけに開け口のある，透明の箱の中に置かれた物体をとり出すために，回り道をしてリーチングするようになることを報告した。また Lockman (1984) では，乳児は自身が動き回ることによる回り道よりも，対象物へ手を伸ばすリーチング行動の際の回り道を発

---

[65] 3本の棒のうち左端の棒に刺さった複数の円盤を，1枚ずつ「小さい円盤の上に大きい円盤を置かない」という規則にしたがって動かし，右端の棒に移動する，というもの

達のより初期から行い，不透明の障壁がある回り道にくらべて，透明の障壁がある回り道をあまり効率的に遂行しなかった（Lockman and McHale, 1989; Lockman and Adams, 2001 も参照）。より年齢の高い幼児では，さらに複雑な種々の迷路課題も使われている（たとえば Ellis and Gauvain, 1992; Garino and McKenzie, 1988; Gardner and Rogoff, 1990）。しかしながら，著者の知る限り，コンピュータを用いた課題による回り道行動や迷路課題の遂行については，どのような発達段階においてもいまだ検討がない。コンピュータ画面上での迷路課題は，乳幼児における認知能力を研究するのに有用な手段であろう。コンピュータを用いた課題によって，種々の霊長類（第 1 章参照）やハト（第 2 章〜第 4 章）における研究のように，自動化された行動データを体系的に得ることが可能になる。この点を新たに開拓する意味で，本研究では 3 歳および 4 歳，ないしはその前後の幼児を研究対象とする。この年齢の幼児は，コンピュータ画面上の迷路課題を遂行できるだけの十分な運動技能をすでに発達させていることが期待できるからである。

　以上から，第 6 章の目的は以下の 3 点とする。第 1 に，ヒト幼児が，タッチモニター上での手指操作を用いた迷路課題をどのように遂行するか検討する。第 2 に，幼児が迷路課題を遂行している途中あるいは遂行を開始する前に，解決の方略をどの程度プランニングしているか検討する。第 3 に，ヒト幼児において得られた結果を，ハトにおいてえられた同じ課題の結果と比較検討する。幼児の回り道遂行や先読みに，年齢に対応した発達的変化が見られることはもちろん予想される。それに加えて，上述のような種間に共通のプランニング過程への選択圧があるなら，幼児の回り道遂行や先読みには，ハトで示されたものと類似した傾向が見出されるだろうと予測した。

6-2 │ 幼児の回り道行動とプランニング

　6-2 の目的は，3 歳前後のヒト幼児が，タッチモニター上に呈示された迷路課題を遂行することができるかを検討するとともに，この課題によって，課題解決を開始する前のプランニングを分析できるかを検討することである。手続

きは基本的に，第 2 章でハトにおいて用いたものに従うこととする。犬のイラスト（標的）を骨のイラスト（目標）まで指で操作して運ぶ方式の迷路課題を幼児に課し，幼児がどのように課題を遂行するか観察する。また，課題解決を開始する前に，事前呈示段階として迷路を薄い色で数秒間呈示する。幼児がもし事前呈示中に課題の解決方略をプランニングしているならば，事前呈示があった場合のほうが，事前呈示がなかった場合よりも課題の遂行成績が高くなると考えられる。

1）参加児と実験手続き

2 歳 11 ヶ月～4 歳 1 ヶ月の，京都近辺に在住する日本人の幼児 21 人が参加した。6 人は，テスト試行をすべて遂行する前に課題を解かなくなったために分析から除外し，2 歳 11 ヶ月～4 歳 1 ヶ月（平均：3 歳 6 ヶ月）の幼児 15 人（うち女児 10 人）のデータを分析に用いた。

実験室内で，17 インチの超音波表面弾性波方式のタッチモニターを長方形のテーブル（60 cm×60 cm×30 cm）の上に置いた（口絵 5）。モニターの前には幼児用の椅子を置き，幼児が椅子に座って課題を解くことを望んだ場合にはこれを使った。実験刺激の呈示や反応の記録は，パーソナルコンピュータで制御し，コンピュータプログラム（Microsoft VisualBasic 6.0）は著者が書いた。

実験刺激は，ハトの実験で使ったものを幼児向けに改変したもので，すべてコンピュータグラフィックスによって描いた。迷路を構成する要素として，外枠，標的，目標，ガイドと名付けた矢印，および壁に見立てた青色棒があった。大きな正方形の領域（1 辺 550 ピクセル：約 16.5 cm）の内側に課題全体を呈示し，幅 10 ピクセルの青色輪郭線を外枠として描いた。標的は白色正方形（1 辺 50 ピクセル：約 13 mm）の内部に犬のイラストを描いたもので，周囲の上下左右に青色の矢印（ガイド：34×32 ピクセル：ほぼ 9×8 mm）を描いた。目標は，著者が描いた骨の絵で，1 辺 50 ピクセルの正方形の領域内にちょうど納まる大きさだった。壁に見立てた棒は，幅 10 ピクセルの，真っすぐまたは L 字形の青色の線分で，標的の開始位置と目標との間に呈示した。また事前呈示の画面として，外枠，標的，目標，および棒を薄い色で表示した刺激を使った。

実験はすべて，幼児における実験のために特別に整えられた静かな部屋の中

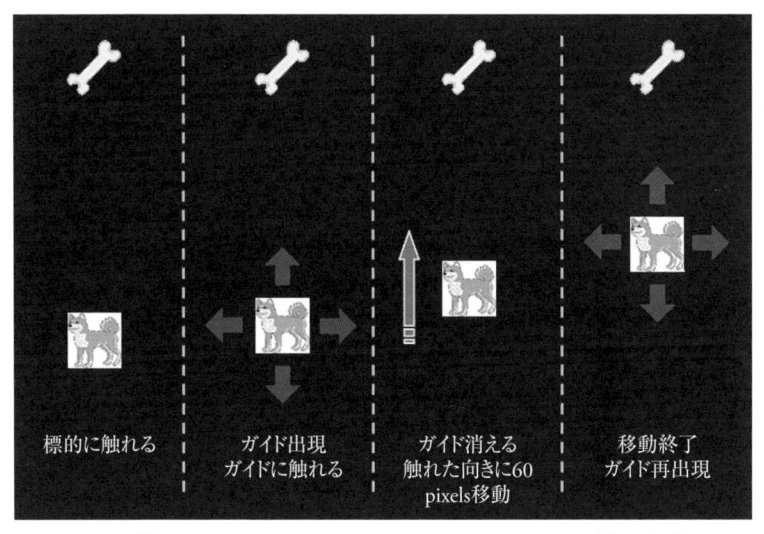

第 6 章 種間比較：幼児の迷路計画と抑制

図 6-1 ヒト幼児に用いたタッチモニター上のナビゲーション（空間移動）課題。犬が描かれた，移動している正方形が標的をさし，上部にある骨の絵が目標をさす。ハトに用いた課題と刺激材料が異なる。

で行った。幼児と保護者が待ち合わせ場所に到着すると，実験者（著者）が実験室までかれらを案内した。実験者と補助者がしばらくの間，部屋に備え付けられたおもちゃを使うなどして幼児および保護者と遊び，調査協力してもらうのに適した好ましい関係（ラポール）を形成した。次いで，実験者は保護者に研究内容を説明し，保護者が協力を了承した場合は，用紙に自筆署名をしてもらった。実験セッション中，幼児は床の上か椅子の上，または保護者のひざの上に座って課題を行った。実験者は幼児の横に座り，課題についての指示を与えたほか，必要に応じて課題を解くように幼児を励ました。保護者と補助者は実験セッション中，幼児と実験者の隣に座っているか，または隣の部屋で待っていた。実験セッションを録画するために，デジタルビデオカメラをテーブルの背後に設置した。実験セッションは，「練習 1」，「練習 2」，「テスト」の 3 段階からなっていた。

練習 1 幼児に，タッチモニター上に呈示されたナビゲーション（空間移動）課題（図 6-1；図 6-3 (a)）を遂行するように教示を与えた。図 6-2 に，実験試行の流れを示している。はじめに実験者は，「犬がお腹をすかせているから，

137

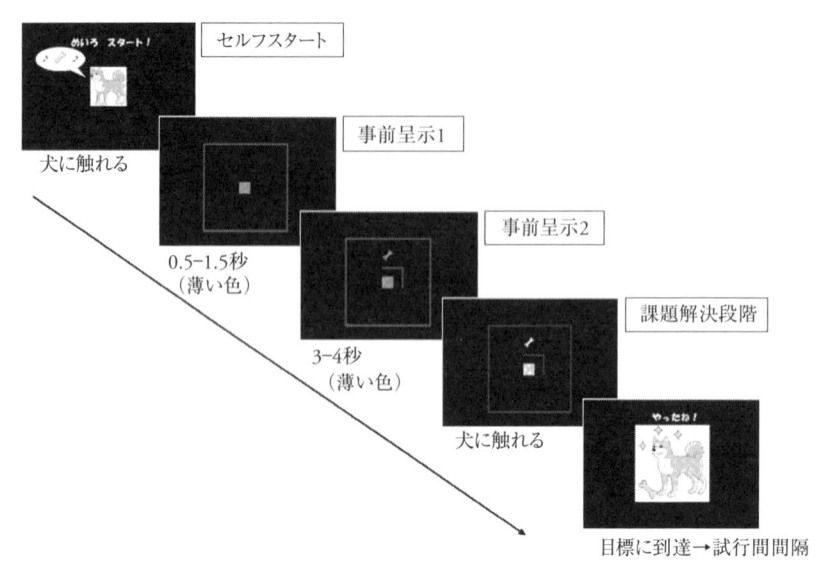

図 6-2　6-2 のテスト段階における試行の流れ図。「やったね！」の文字が表示された画面は，試行間間隔 6 秒のうち，前半 3 秒間で呈示された。

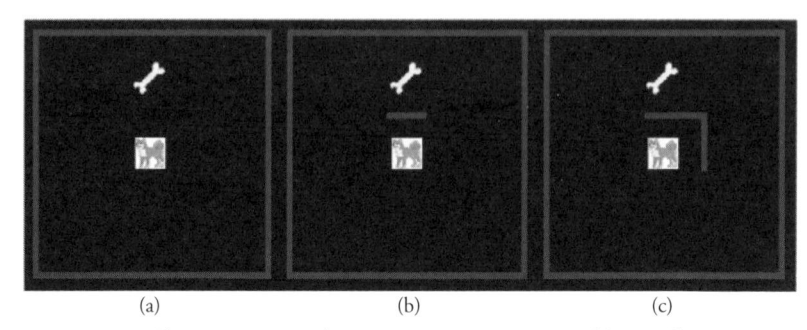

図 6-3　6-2 の練習およびテスト段階におけるナビゲーション（空間移動）課題および迷路課題の例。(a)：練習 1 で用いられたナビゲーション課題。(b)：練習 2 で用いられた，壁に見立てた短い真っすぐな棒が置かれた単純な迷路。(c)：テストで用いられた，L 字形の棒が置かれた迷路。

できるだけ早く骨のところまで連れて行ってあげてね。」と幼児に語りかけた。セルフスタートキーである犬の絵が画面上に現れ，幼児が絵を指で触ると，迷路の外枠と，外枠の中央に標的が置かれた刺激が，薄い色で0.5～1.5秒間現れた（「事前呈示1」）。次に，課題全体が薄い色で3～4秒間現れた（「事前呈示2」）。これらの事前呈示の間は，画面に触れても何も起こらなかった。続いて，刺激全体の色が明るくなり，課題解決の段階に移行した。幼児が指で犬の絵（標的）に触れると，標的周囲の上下左右の位置に外向き矢印（ガイド）が現れた。ガイドの1つに触れると，すべてのガイドが消え，標的が触ったガイドの向きにアニメーションを描いて移動した。標的は0.6秒間で60ピクセル移動して停止し，ガイドが再び現れた。標的が動いている最中に画面に触れても，何も起きなかった。1回ずつの画面への反応は別々のものとして記録され，幼児は画面に指を常に接触させている必要はなかった。練習1では，標的の開始位置と目標との間に壁に見立てた棒のない，単純なナビゲーション課題を用いた。目標は，標的の開始位置から上，下，左，右のいずれかに3回直線移動した場所にあった。標的を目標の位置まで運ぶと，課題が消え，骨を手に入れた犬が嬉しそうにしている画面が3秒間現れた。その後，3秒間の黒色画面（試行間間隔）を経て，次の試行に移行した。1試行あたりの時間の上限は，設けなかった。実験者ないし保護者は必要に応じて，標的の動きをみずから何回か示すか，1試行全体を手本として遂行して見せるなどして，幼児の課題遂行を手伝った。この練習段階は，2～3試行行った。

練習2 第2章の迷路1に相当する，単純な迷路課題（図6-3 (b)）で回り道の練習を行った。練習1で用いたナビゲーション課題に加えて，長さ70ピクセルの壁に見立てた青色棒を，標的の開始位置と目標のちょうど中間の位置に置いた。ナビゲーションの遂行中に標的が棒のとなりの位置にきたときには，棒を越えてはガイドが出なかったため，幼児は出ているガイドのいずれかを触ることによって回り道をする必要があった。練習1と同様に，実験者ないし保護者は必要に応じて幼児の課題遂行を手伝った。この練習段階は，2～3試行行った。

テスト 標的の開始位置と目標との間にL字形の折れ曲がりのある棒を置いた，第2章の迷路4に相当する迷路課題（図6-3 (c)）を用いてテストを行った。L字形の棒は，縦と横がともに130ピクセルで，上，下，左，右それぞれ

の目標位置に対して2通りの棒の配置があったため，合計8通りの迷路があった。これら個々の迷路は，図6-3 (c) を90度，180度，または270度回転し，さらにそれらを裏返すとすべて見ることができる。これら8通りの迷路を1回ずつ，ランダムな順に呈示した。この迷路では，幼児は各試行で近道または遠回りの2通りの経路をとることができた。近道の経路は，棒の短く切れたほうの端を回っていくもので，目標までの最短移動回数は5回だった。遠回りの経路は，長く折れ曲がったほうの端を回っていくもので，目標までの最短移動回数は9回だった。テストは8試行で，うち4試行は「事前呈示あり」条件であり，事前呈示2でガイドを除く迷路のすべての構成要素が薄い色で現れた。残り4試行は「事前呈示なし」条件で，事前呈示2での刺激は事前呈示1と同じで，外枠と標的だけしか現れなかった。この手続きでは，幼児は「事前呈示あり」条件では迷路の解決方略を事前にプランニングすることができるが，「事前呈示なし」条件では事前にプランニングできないと考えられる。テスト試行では，実験者，保護者および補助者は，幼児の課題遂行を手助けしなかった。

2) 近道の経路を選ぶ ── 実験結果と考察

テストの8試行について分析を行った。図6-4は，各幼児が近道の経路をとって目標に到達した試行数を示している。選択した経路（近道または遠回り）は，標的がL字形の棒の延長線上を通過した座標に基づいて決定した。近道の経路をとる割合の偶然レベルは，50%と仮定する。幼児は平均して，テスト試行の78.3%で近道の経路を選択していた。近道の経路の選択数は，偶然レベル（4試行）よりも有意に多かった（p値が0.001未満[66]）。これは，幼児がはじめて経験する回り道課題を解く際に，高い割合で効率の良い方略をとったことを示している。標的が目標に到達するまでの平均移動回数は，近道の経路をとった試行については8.27回，遠回りの経路をとった試行については14.52回だった。これらはいずれも，最短回数（近道の試行については5回，遠回りの試行については9回）よりも多かった（ともにp値が0.01未満[67]）。つまり，幼児は近道および遠回りのどちらの経路をとった場合にも，必要最小限の移動回数よりは

---

[66] 1サンプルの t 検定
[67] 1サンプルの t 検定

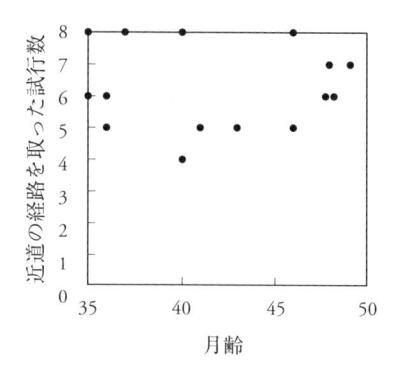

第6章　種間比較：幼児の迷路計画と抑制

図6-4　6-2のテスト8試行において，幼児が近道の経路を取った試行数。個々の点がそれぞれの幼児を示している。

多く標的を移動させたことが分かる。

　幼児における事前プランニングについて，第2章と同様に以下の3つの指標を分析した。第1に，当該の試行ではじめてガイドが現れた時点から，標的が目標に到達した時点までの時間（中央値）を，課題解決時間として分析した。第2に，目標に到達するまでの標的の移動回数を分析した。第3に，当該の試行において迷路の色が明るくなった時点から，ガイドがはじめて出現した時点までの時間（中央値）を，初発反応時間として分析した。それぞれの指標について，「事前呈示あり」条件と「事前呈示なし」条件の間で，幼児の遂行成績を比較した。分析対象とした15人の幼児全員について統計を行ったところ，どの指標についても「事前呈示あり」「事前呈示なし」条件間で有意差は見られなかった（いずれも主効果の p 値が 0.05 以上[68]）。

　個人別の分析では，1人の男児（3歳4ヶ月）で，「事前呈示あり」条件のほうが「事前呈示なし」条件よりも遂行成績が高かった（課題解決時間：p 値が 0.05 未満；平均移動回数と初発反応時間：p 値が 0.1 未満[69]）。別の男児（3歳0ヶ月）では，初発反応時間が「事前呈示あり」条件で「事前呈示なし」条件よりも短い傾向が見られた（p 値が 0.1 未満[70]）。しかし，別の女児（2歳11ヶ月）では，「事

---

[68] 反復測定による1要因の分散分析
[69] 独立サンプルの t 検定
[70] 独立サンプルの t 検定

前呈示あり」条件のほうが「事前呈示なし」条件よりも遂行成績が悪かった（課題解決時間，平均移動回数，初発反応時間のいずれも，p 値が 0.05 未満[71]）。それ以外の幼児および分析指標では，「事前呈示あり」「事前呈示なし」条件間に統計的に有意な遂行成績の差は見られなかった。

　まず，3 歳前後のヒト幼児が，コンピュータのタッチモニター上で実験刺激を指で触って動かすことにより，ナビゲーション（空間移動）および回り道課題を解決できることが分かった。これは，幼児のタッチモニター上でのナビゲーションと迷路の遂行を示した，はじめてのものだと思われる。この課題は，3 歳前後またはより年齢の高い幼児で，厳密な実験データを自動化されたシステムで得るための，有望な手法を提供するものであろう。さらに，幼児はＬ字形の棒を避ける際に近道の経路を選択するという，効率的な解決の方略をも示した。しかし，何人かの幼児はテストセッションをすべて遂行することができなかった。これは，この年齢の幼児が日常生活においてまだコンピュータやタッチモニターをあまり経験しておらず，モニターの機能や操作の仕方を理解することが難しかったためかもしれない。

　一方，幼児は試行によっては遠回りの経路をとることもあり，近道および遠回りのどちらの経路をとった場合でも，必要な最小回数と比較すると，標的をかなり多くの回数動かしていた。これは，この課題では幼児は外枠の内部で自由に標的を動かすことができたため，できるだけ早く課題を解くように教示はしていたものの，早く目標に到達しようとする動機づけが十分に高くならなかったためかもしれない。Ellis and Siegler (1997) も指摘しているが，幼児にとってはプランニングせずにただ自由に探索することが，それ自体で楽しく，興味をひくものである可能性がある。そのため，この課題の改善点として，動きが可能な経路を制約することで，幼児のプランニング能力をよりよく引き出せる状況を作るということが考えられる。

　プランニングについては，個人別には「事前呈示あり」条件で「事前呈示なし」条件よりも遂行成績が高い幼児も見られたが，参加児全体では，条件間で遂行成績にはっきりした違いを見出すことはできなかった。このことの理由の

---

[71] 独立サンプルの t 検定

ひとつとして，幼児が事前呈示中の刺激にあまり注意を向けていなかったという可能性が考えられる。将来の研究では，事前呈示中の刺激を明るい色で点滅させるなど，より刺激に注意をひきつける工夫をすることで，より良い結果が得られるようになるかもしれない。また，テストで用いたＬ字形の迷路で近道の経路を多く選択したことも，それだけではプランニング過程を示す強い証拠として主張することは難しいかもしれない。たとえば，練習１で標的を目標に近づける反応を学習し，練習２では棒を回避することを学習して，テストではこれら２個の規則を組み合わせたにすぎないといった，単純な過程による行動の説明もできる可能性がある。こうした装置への馴致や練習回数の多さが，この実験でプランニングの積極的証拠が示せなかった一因かもしれない。課題自体の面白さのために，プランニングがデータに反映されにくかった可能性もあるだろう。そこで，6-3では新たな迷路課題と手続きを導入することで，幼児のプランニングをさらに検討する。

6-3 十字形迷路による幼児の先読みと抑制

　6-2でえられた結果は，３歳前後の幼児がタッチスクリーン上での迷路課題を遂行できることを示している。ただ，この課題によって幼児のプランニング能力を引き出すためには，手続きを改善する必要があると思われる。6-3では，第３章でハトを対象に用いたものと同様の，十字形の迷路課題を幼児に課す。この迷路を新たに導入した目的は，幼児が迷路課題を解決している途中で (1) 先の手をプランニングしているか，また (2) 課題解決の途中で事態が変化したときに，以前にプランニングしていた行動を修正できるか，を検討することである。実験条件において，迷路課題の解決途中で目標を別の位置に移動させる。第３章と同様に，この事態において以下の３つのレベルでのプランニングを仮定する。レベル０：まったくプランニングしていない。レベル１：プランニングしているが，行動を調整できない。レベル２：プランニングしており，行動を調整することもできる。もし幼児が先の手をまったくプランニングしていなければ（レベル０），目標の位置が変化するという事態は課題遂行に影響を及

ぼさないだろう。もし幼児が先の手をプランニングしているが，目標の位置が変化した後ですぐに反応を修正できないとすると（レベル1），目標の位置が変化した直後に以前の目標の向きに誤って標的を動かすだろう。この場合の反応時間は，統制条件における反応時間と変わらないと考えられる。もし幼児が先の手をプランニングしており，行動を柔軟に調整することもできるとすると（レベル2），レベル0の場合と同様に正しい経路をとるが，その場合の反応時間は統制条件における反応時間よりも長くなると考えられる。この課題を3歳児と4歳児に課し，各群の幼児が示すプランニングのレベルに違いが見られるかどうか検討する。

1）参加児と実験手続き

　3歳児16人（2歳11ヶ月～3歳11ヶ月；うち女児7人）と4歳児16人（4歳0ヶ月～4歳10ヶ月；うち女児7人）が参加した。3歳児3人と4歳児1人はテスト試行を完遂する前に課題を遂行しなくなったので分析から除外し，3歳児13人（平均3歳4ヶ月；2歳11ヶ月～3歳11ヶ月；うち女児5人）と4歳児15人（平均4歳5ヶ月；4歳0ヶ月～4歳10ヶ月；うち女児7人）のデータを分析に用いた。なお，3歳児として扱った幼児の中に正確には2歳代の幼児が1人含まれているが，2歳の最終月齢であることから，本実験では3歳児の群内に含めて分析する。装置は，6-2で用いたものと同じだった。実験刺激の構成要素は6-2と同じだったが，3-2と同じ形の，青色棒（幅10ピクセル）を組み合わせて十字形の領域をとり囲んだ図形を外枠の内部に描いた。事前呈示の刺激は用いなかった。

　手続きは，以下の点が6-2と異なっていた。用いた課題は3-2と同様の十字形迷路で，幼児は迷路中央から移動3回分離れた，腕の先端部に置かれた標的を，別の腕の先端に置かれた目標まで動かす必要があった。標的 - 目標の位置の組み合わせは，計12通りだった。事前呈示段階は，設けなかった。幼児がセルフスタートキーを触ると，1～3秒間の黒色画面（刺激間間隔）の後に迷路が現れた。幼児ができるだけ早く迷路を解くように励ますため，迷路を正しく解いた後で，嬉しそうにしている犬の画面を呈示する時間には1秒の傾斜をつけた。すなわち，5秒で目標に到達した試行では画面が3.5秒間現れたのに

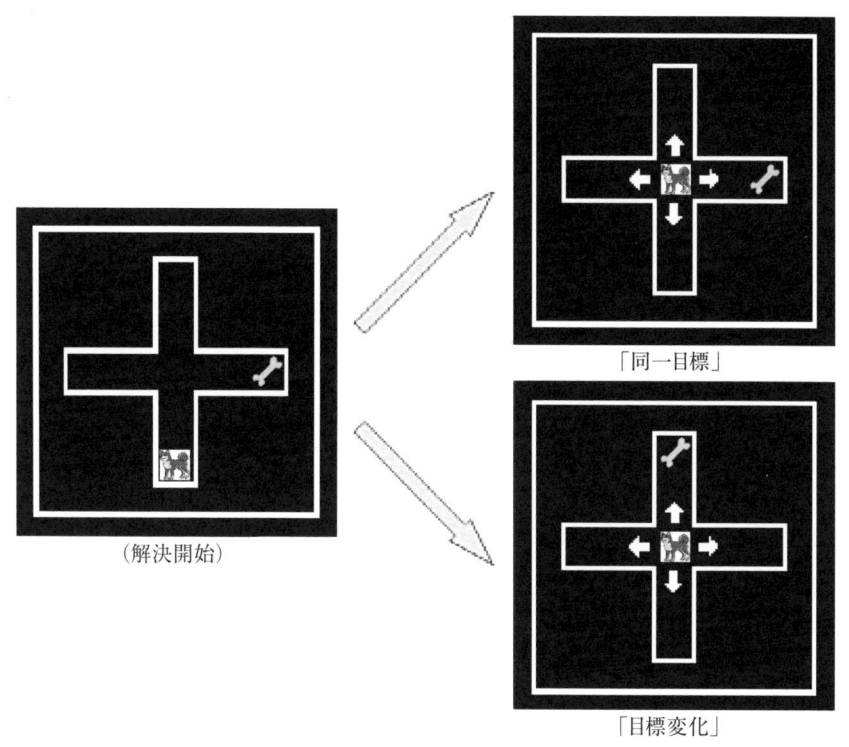

図6-5 6-3で用いられた十字形迷路，および「同一目標」，「目標変化」の2条件。

対して，20秒で目標に到達した試行では画面が2.5秒間しか現れなかった。

　実験セッション全体は，連続した15試行からなっていた。このうちのはじめの3試行を「練習」段階とし，続く12試行を「テスト」段階とした。練習段階では，各試行内で目標の位置は変化しなかった。必要に応じて，実験者または保護者が幼児の課題遂行を手伝った。これらの練習試行は，幼児を課題に慣れさせるために必要だと思われ，この段階では目標の位置変化のような予想されない事象は生じさせるべきでないと考えた。続くテスト段階（図6-5）では，12試行のうち8試行が「同一目標」条件で，各試行内で目標の位置は一定であった。残りの4試行は「目標変化」条件で，標的が迷路の中央の位置にきた瞬間に，目標が別の腕の先端に移動した。テスト段階では，実験者，保護者および補助者は，幼児に言葉をかけて課題を解くように励ますことはあったが，

課題解決につながるヒントを与えたり，課題遂行を手伝ったりはしなかった。標的 - 目標の位置の組み合わせと，目標の位置変化の仕方は試行ごとに異なっており，それぞれがセッション内でランダム順に現れた。

2) 先読みと抑制の発達 ── 実験結果と考察

　テスト段階の 12 試行について分析を行った。図 6-6 に，標的が迷路中央に来たときにおける次の移動の向きを，各年齢群および条件ごとに示している。「現在の目標の向き」は，標的が迷路中央に来たときにおける次の移動が，現在の目標の向きへの正しい反応であった試行を示している。すなわち，「同一目標」条件については，試行内で固定された目標へ近づく向き，「目標変化」条件については，位置が変化したあとの目標へ近づく向きをさす。「前の目標の向き」は，「目標変化」条件において，目標の位置が変化した直後の標的の動きが，変化前の目標へ近づく誤った向きであった試行を示している。「その他の向き」は，「同一目標」条件については目標に近づく向き以外の 3 つの向き，「目標変化」条件については変化前および変化後の目標に近づく向きを除く 2 つの向きをさしている。3 歳および 4 歳の両方の年齢群について，迷路中央における正反応の割合は「目標変化」条件のほうが「同一目標」条件よりも有意に低かった（ともに p 値が 0.01 未満[72]）。「目標変化」条件における正反応の割合は，4 歳児のほうが 3 歳児よりも有意に高かった（p 値が 0.05 未満[73]）。「目標変化」条件における誤反応のうち，変化前の目標の向きへの反応は，3 歳児では 98％で 1 試行を除く全試行を占めており，4 歳児では 100％すなわち全試行を占めていた。3 歳児 13 人中 12 人，および 4 歳児 15 人中 12 人が，迷路中央においてそれまでの運動の向きを 90 度変えることによって，変化前の目標の向きへの誤反応をしていた。これらのデータは，3 歳児および 4 歳児の両方が，「目標変化」条件において目標が別の腕の先端に移動した際に，しばしば変化前の目標の向きに誤って標的を動かしたことを示している。そのために，迷路中央における反応の遂行成績は，「目標変化」条件で「同一目標」条件よりもずっと悪くなっていた。しかし一方で，目標が移動した直後に正しく反応

72）Wilcoxon の符号付順位検定
73）Mann-Whitney の U 検定

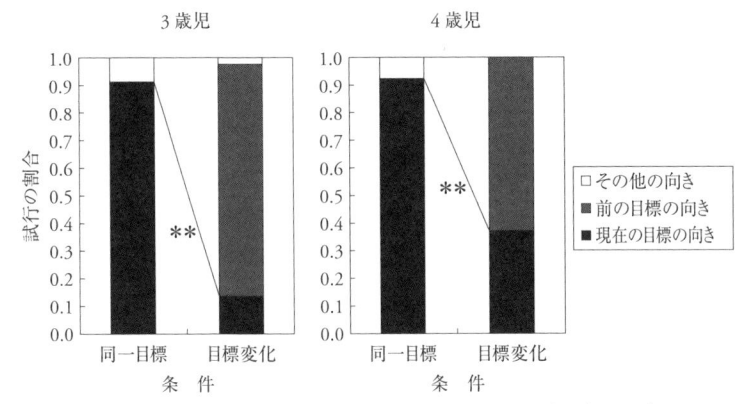

第6章　種間比較：幼児の迷路計画と抑制

図6-6　6-3において，標的が迷路中央にきた時の，次の1手の向き。各グラフは，それぞれの年齢群における平均値を示す。アステリスクは，「同一目標」条件と「目標変化」条件の間における，正反応率の有意差を示している（**：$p < .01$）。

した頻度は，4歳児のほうが3歳児よりも高かった。

図6-7は，標的が迷路中央に来たときの反応時間，すなわち標的が迷路中央まで移動してきて停止した時点から，その次の1手を動かすためにガイドの矢印に反応が入った時点までの時間を示している。「その他の向き」の試行は分析から除外した。「その他の向き」の試行は，すべての年齢群および条件について試行全体の9％未満しか占めていなかった。それ以外の試行が，以下に示す3つの反応型に分けられた。「同一目標」条件については，正反応における反応時間を「同一―正反応」として分析した。「目標変化」条件については，変化前の目標の向きへの誤反応（「変化―誤反応」）であったか，変化後の目標への正反応（「変化―正反応」）であったかによって，試行を分けて分析した。4歳児については，反応型の効果が有意であった（主効果のp値が0.001未満[74]）。下位検定の結果，「同一―正反応」と「変化―誤反応」（p値が0.05未満[75]），「同一―正反応」と「変化―正反応」（p値が0.001未満），および「変化―誤反応」と「変化―正反応」（p値が0.001未満）との間にそれぞれ有意差が見られた。3歳児では，同様の分析で，反応型の効果が有意であった（主効果の

74）反復測定による1要因の分散分析
75）Bonferroniの方法による多重比較

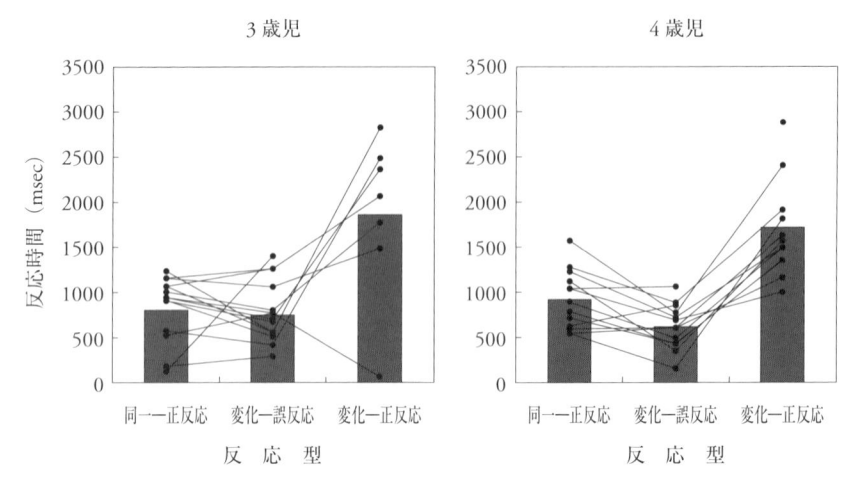

図6-7 6-3において，標的が迷路中央にきた時の次の1手の反応時間。年齢群（3歳児，4歳児）および反応型（「同一―正反応」，「変化―誤反応」，「変化―正反応」）に分けて示している。個々の小点は幼児ごとの反応時間の中央値を示し，棒グラフは幼児間の平均値を示している。

p 値が0.025未満[76]）。下位検定の結果，「変化―誤反応」と「変化―正反応」の間に有意傾向が見られた（p 値が0.10未満[77]）。これらのデータから，「変化―誤反応」試行における反応時間は，3歳児では「同一―正反応」試行と変わらなかったが，4歳児では「同一―正反応」試行よりも短くなっていた。また，「変化―正反応」試行における反応時間は他の反応型にくらべて長くなっており，この傾向は4歳児において3歳児よりも顕著に見られた。

3歳児と4歳児の両方が，迷路中央で目標が別の腕の先端に移動した直後に，しばしば移動前の目標の向き（図6-6における「前の目標の向き」）に標的を動かし，そのために「目標変化」条件における遂行成績が「同一目標」条件よりも著しく悪くなっていた。また，これらの誤反応試行（「変化―誤反応」試行）における反応時間は，「同一目標」条件における正反応試行（「同一―正反応」試行）の反応時間と変わらないか，あるいはさらに短くなっていた。これは，3歳児と4歳児の両方で，「目標変化」条件の大部分の試行においてレベル1（プラン

---

76) 反復測定による1要因の分散分析
77) Bonferroniの方法による多重比較

ニングしているが，すぐには行動調整ができない）のプランニングの証拠が得られたことを示している。さらに，迷路中央において，それまでの運動の向きを90度変えて前の目標の向きへ誤反応をした試行も見られた。これは，幼児がこの課題で確かにプランニングをしており，感覚運動過程のようなより低次で単純な過程によって幼児の行動を説明するのは適切でないという見方を支持するものである。

　実験手続きに対する批判として，「目標変化」条件における前の目標の向きへの誤反応が高い頻度で見られたのは，セッションのはじめに設けられた練習試行において目標の位置変化が起きなかったためだという議論があるかもしれない。確かに，これらの練習試行が「目標変化」試行において前の目標の向きへの誤反応をいくらか増加させた可能性はあるかもしれない。しかし，標的 - 目標の位置の組み合わせは毎試行異なっていたため，前の目標への誤反応はいずれにしてもレベル1のプランニングを示唆するものには違いないと思われる。

　一方，「目標変化」条件における正反応の割合については，年齢群による差が見られた。すなわち，「目標変化」条件で目標の位置変化が起きた直後に，4歳児のほうが3歳児よりも高い割合で，変化後の目標の向き（図6-6における「現在の目標の向き」）に正しく標的を動かした。さらに，これら「目標変化」条件の正反応試行（「変化―正反応」）における目標の移動直後の反応時間は，「同一目標」条件の正反応試行（「同一―正反応」）や「目標変化」条件の誤反応試行（「変化―誤反応」）における反応時間よりもずっと長かった。「変化―正反応」試行で反応時間が長くなる傾向は，4歳児において3歳児よりも明瞭に見られた。このことは，レベル2（プランニングしており，かつ柔軟に行動調整できる）のプランニングの証拠が，4歳児において3歳児よりも頑健に見られたことを示している。

　本実験での発見は，先行研究における証拠とも矛盾しないものである。たとえばHudson et al. (1997) は，3歳，4歳，および5歳の幼児において，食料品店へのおつかいや海水浴に行くことといった，日常的な出来事についてのプランを構築する能力を検討した。幼児の言語報告に基づいて，かれらは幼児が「事前プラン」を形成できる，すなわち，行為の開始前に一連の行為の順序を予見

的に表象できることを示した。さらにかれらは,「修正プラン」や「予防プラン」といった,より高い水準のプランニングにも言及している。「修正プラン」とは,事前にプランされた行動を遂行している途中で予想外の事態が生じた場合に,それを適正な状態に補修するプランであり,「予防プラン」は,事故が起きることをあらかじめ防ぐ意図をもった行為を含んでいる事前プランをさす。かれらは,こうした高い水準のプランを構築する幼児の能力が,年齢とともに発達することを指摘している。本実験で得られた証拠は,Hudson et al. (1997) の結論と矛盾しないものであり,幼児が日常的に経験しているわけではない,非言語的な問題解決場面で幼児のプランニングを示したといえる。このことは,幼児が用いることのできるプランニングの水準が,3歳から4歳にかけて高くなるという見方を支持するものだと考えられる。

6-4 幼児の迷路計画と種間共通の選択圧

幼児の迷路遂行とプランニング

6-2の練習試行で,3歳前後の幼児はタッチモニターに指で触れて反応することにより,標的を目標の位置まで運ぶというナビゲーション(空間移動)課題を解くことができた。それに続くテスト試行では,幼児はL字形の壁に見立てた棒を回避して目標に到達するという,迷路課題を解くことができた。また,幼児はそれらの新たな迷路を解く際に,効率の良い近道の経路を偶然レベルよりも高い割合で取った。このことは,幼児が標的の動きを妨害するという棒の機能をおそらく理解しており,そのため迷路を解くさいに効率的な方略を選択することができたことを示唆している。このようなコンピュータ画面上でのナビゲーション課題の遂行は,ヒト幼児においてははじめて示されたものだと思われる。この手法は,幼児における経路学習や空間記憶,その他さまざまな認知過程を検討するうえで有望な可能性を提供するものであろう。また,この手法によって系統的に広範囲な種間での直接的な比較検討も可能になるだろう。ただし,本研究では,第2章でハトに課した種々のナビゲーション課題お

よび回り道課題のうち，いくつかの限られたものだけしか用いなかった。将来の研究では，より多様な課題を課すことで，幼児の回り道行動やプランニングに関する重要な示唆がさらにえられるかもしれない。

　6-3では，3歳児および4歳児の両群が，十字形の迷路課題の解決途中に，先の手をプランニングしていることを示す結果が得られた。このことから，この課題をヒト幼児における発達の文脈でプランニング能力を検討する手法として用いることができると考えられる。さらに，4歳児は行動の柔軟な調整を含む高い水準でのプランニングをしばしば示したのに対して，3歳児は目標の位置が変化した際に，前にプランニングしていた行動をただちに修正することに著しい困難を示した。このような，各年齢群の幼児が示したプランニングの水準の相違は，抑制制御のような実行機能の発達と密接に関連している可能性がある。たとえば，幼児の抑制能力を調べる課題のひとつである次元変化カード分類課題（Dimensional Change Card Sort Task）（Frye et al., 1995; Jacques et al., 1999）では，「赤い車」「赤い花」「青い車」「青い花」のように，色と形の2次元で描かれた複数のカードを幼児に呈示する。幼児は，まずある一方の次元（たとえば色）でカードを分け，その後もう一方の次元（たとえば形）でカードを分けるという，分類規則の切り替えをすることが求められる。このような課題で，3歳児ははじめに教示された反応の規則を新たなものに切り替えることに困難を示すことが知られている。一方，4歳以上の幼児は，大部分が新たなカードの分類規則に切り替えることができた（Jacques et al., 1999）。こうしたデータは，4歳児のほうが3歳児よりも高い水準でのプランを構築できるという，本研究の発見と矛盾しないものだと思われる。

　将来の研究では，本実験で用いたものと同様の迷路課題によって，より幼い1歳児や2歳児のプランニングを検討することで，プランニング能力の発達過程に関するより洗練された図式を描くことができるかもしれない。ただし，今回の研究のとくに6-2で，3歳児の中には途中で課題を解かなくなってしまった幼児も多かったことを考慮すると，より低い年齢の幼児でテストを行うには実験装置の改良が望ましいだろう。たとえば，大多数の1歳児や2歳児にとってコンピュータのタッチモニターははじめて接する道具だろうから，刺激材料を上手く工夫すれば，幼児はモニターに興味をもち，画面に注意をより強く向

けるはずだ．種々の工夫により，セッションあたりの試行数を本研究より増やせるかもしれない．しかし，そうした改良をほどこしても，ある発達段階以下ではこの実験課題がうまく使えなくなるだろう．その場合は，本研究で使ったものに対応する，実際の3次元空間における迷路課題を幼い乳幼児に課すことによって，本研究のアプローチを補うことができるのではないだろうか．このことによって，種間での直接比較もより行いやすくなる．たとえば，6-2および6-3で用いたものに対応する実空間での迷路課題をハトが解決できるというのは，十分見込めることだからである．

ハトでのデータとの比較

　本章でヒト幼児を対象としてえられた結果は，第2章および第3章のハトにおける結果と類似したものといえる．本章の6-2におけるL字形迷路と同様の回り道課題（迷路4）において，ハトはヒト幼児（78.3%）と同様，偶然レベル以上の割合で近道の経路を選択していた（平均73.6%）．すでに論じたように，このことだけではプランニングに関する強い主張はできないかもしれないが，種間で行動の類似性が見られたという事実は興味深いものである．一方，本章の6-3と同様の十字形迷路を用いた目標変化テスト（3-2）で，ハトは本章のヒト幼児と非常によく似た行動をとっていた．すなわち，標的が迷路中央にきた直後に目標が別の腕の先端に移動したとき，ハトはしばしば移動前の目標の向きに誤って標的を動かした．また，ハトは今回のヒト幼児と同様に，迷路の中央で90度の方向転換が必要な試行においても，しばしば変化前の目標の向きへの誤反応をしていた．これは，レベル1（プランニングしているが，行動調整ができない）のプランニングを示唆するものである．また，ハトが移動後の目標の向きに正しく標的を動かした試行では，本章のヒト幼児と同様，反応時間がそれ以外の試行にくらべて長かった．これは，レベル2（プランニングしており，行動調整もできる）のプランニングを示唆するものである．

　このように，ヒト幼児の行動とハトの行動は多くの点で類似している．このことは，課題を解決するために脳内で心的表象を操作する内的過程が，これらの2種で類似しているかまたはほとんど共通している可能性を示唆していると思われる．6-1でも指摘した通り，ハトとヒト幼児という2種の間には進化，

発達の両軸に関して大きな隔たりがあるため，こうしたデータは，プランニング能力が多様な系統発生学的位置や発達段階にある多くの種に共有されている可能性を支持するものであろう。プランニングは，神経系を持つあらゆる生物にとって，世界の多様な物理的および社会的環境に適応するうえで有益な心的システムとなりうると考えられる。それゆえ，それらの多くの生物がある基礎的な水準以上のプランニング能力を持つようになるような，共通の選択圧があったのではないかと思われる。

こうした2種間の反応の類似性は，課題解決におけるアルゴリズム，すなわち内的な計算の方略が共通している可能性をも示唆するものかもしれない。ただ，今回の6-3のような場面では，取りうる手の選択肢が非常に限定されていたため，種間で反応がある程度は類似してこざるをえない状況になっていた可能性はあるだろう。種間で問題解決におけるアルゴリズムが共通していることをさらに強く実証するには，効率の異なる多様な方略で課題解決が可能な場面を設定し，そうした場面でこれらの種が取る方略が共通しているかを検討することが考えられる。たとえばナビゲーション課題で，縦横方向とともに斜め方向にも移動できる状況で，どのような軌道をとって離れた位置にある目標に向かうかを検討するといった，より多様な場面でテストすることが有効かもしれない。

このように，ヒトや鳥類を含めて多様な系統発生的な位置や発達的な段階にある生物がプランニング能力を共有しており，その能力がおそらくかれらの日常生活の中で有益なものとなっていることが示唆される。第7章では，一連の研究結果を総括するとともに，生物進化の過程で思考能力の発現に影響をおよぼした要因について考察し，今後の研究を展望することにしたい。

第7章

思考の進化史を考える

7-1 ハト・キーア・幼児のプランニング

　思考能力の進化的起源については，ヒト以外の動物において種々の側面から研究が行われてきたが，それらの行動をみちびく内的過程を分析的に明らかにしたものは少ない。本書では，藤田（2004）を参考に，思考を表象の操作，すなわち外部世界の情報を感覚器官から入力して保持し（1次表象），脳内で情報を変換することによって新たな表象（高次表象）を内的に生成する過程と定義した。予見的な表象操作のひとつと位置づけられるプランニングは，みずからの将来における行動について内的に方策を立案する過程をさし，ヒトのみならず，ヒト以外の動物種にとっても，生息環境に適応するために有益な能力であると考えられる。ヒト以外の動物におけるプランニング能力については，近年多くの霊長類において行動科学的および神経生理学的証拠が得られている。ヒトから系統的により遠い鳥類においては，一部のカラス科の種に見られる貯食などの種特異的と思われる行動を利用した実験をのぞき，プランニングはほとんど検討されていない。本書の研究では，ハトにおけるプランニング能力をコンピュータ画面上でのナビゲーション（空間移動）課題およびそれを利用した迷路課題を開発して検討した。また，生活史に固有の特徴のあるオウムの1種キーア（ミヤマオウム）のプランニング能力を，鍵開け（人工果実）課題を用いて検討した。さらに，ハトに課したものと同様の実験課題を，ヒト3〜4歳児にも課し，結果を比較検討した。
　第2章では，ハトにコンピュータ画面上で迷路課題を解かせる手法を確立し，

ハトが課題を解き始める前に解決方略をプランニングするかを検討した。はじめにハト4個体に，コンピュータ画面上で赤色正方形（標的）を別の青色正方形（目標）の位置までつつき反応によって運ばせる，ナビゲーションを学習させた。次に，標的の最初の位置と目標との間に，標的の進行を妨害する，壁に見立てた棒がある回り道課題を課した。「事前呈示あり」条件では，課題全体を薄い色で事前に呈示したが，「事前呈示なし」条件では事前呈示しなかった。ハトは，迷路が複雑になるにつれて近道の経路をより高い割合で選択するようになったが，新たな迷路を課した際に「事前呈示あり」条件のほうが課題を早く正確に解けるという，予想した結果はえられなかった。そこで，すでに学習された迷路を用いて，事前呈示の課題と実際に解く迷路が同じである条件と違っている条件で，遂行成績を比較した。その結果，事前呈示の後で課題が変化する条件では，解決に要する時間がやや長かった。刺激の変化量を統制したその後のテストでは，課題の変化によって解決方略が変化する条件で，課題は変化するが解決方略は同じである条件にくらべて，遂行成績が悪い傾向が見られた。これらは，ハトが少なくとも当該試行の課題が複数の既知課題のどれにあたるかを特定するというプランニングをしていた可能性を示唆している。

　第3章では，第2章と同じハトに新たな迷路を課し，課題の遂行中および遂行開始前に先の1～数手を短期的にプランニング（先読み）しているか検討した。3-2では，十字形をした迷路の腕の先端に，標的と目標を置いた。標的が中央にきたときに目標が別の腕の先に移動した「目標変化」条件では，ハトは標的を前の目標の向きに動かす誤反応を頻繁に示した。これは，ハトが迷路中央の次の1手をプランニングしていることを示している。また，変化後の目標に正しく反応した試行では，他の試行にくらべて反応時間が長かった。これは，プランの内容を修正できた試行もあったことを示している。さらに，すでによく学習した標的 - 目標の位置の組み合わせについては，中央より手前で目標の位置が変化した試行でも，前の目標への誤反応が見られ，ハトが2手以上先をプランニングしている可能性も示唆された。3-3では，標的が中央から出発し，十字形の腕の各先端が枝分かれした8本腕の迷路（"手裏剣形迷路"）において，事前呈示のあとで目標が別の腕に変化する条件を設けた。ハトは第1移動で前の目標の向きへの誤反応を頻繁に示し，正しく反応した試行では他の試行より

反応時間が長かった。すなわち，ハトは課題の遂行を開始する前に，最初の移動の向きをプランニングしていると考えられる。第3章の結果を総合すると，ハトは迷路の解決途中および解決開始前の両方において，先の手を短期的に先読みしていると考えられる。

　第4章では，ハトがごく短期的な先読みだけでなく，より長期的あるいは概算的な解決方略も使っているかを検討するため，複数の目標を設けた巡回セールスマン課題における経路選択の方略を検討した。2個の目標を設けた課題では，ハトははじめに近い方の目標を訪れる傾向を示した。3個の目標と標的の開始位置を，それぞれ四角形の頂点をなすように配置した課題では，反時計回りまたは時計回りに順に回る経路選択が顕著に見られた。それらの経路は，ランダムに巡回した場合よりも効率の良いものであった。3個の目標を一直線上に配置した課題では，ハトは最も近い中央の目標を最初に訪れることが多かった。3個の目標のうち2個が近接した群を形成した課題では，群の形成する目標をはじめに訪れる傾向が示唆された。これらすべての課題で，ハトは最も近い目標を最初に訪れる傾向を示した。しかし，2個の目標のうち近いほうに至る経路上に，壁に見立てた棒を置くと，ハトは高い割合で遠い方の目標を最初に訪れるようになった。これらを総合すると，ハトは近い目標を訪れるといった局所的な方略を主に使って経路選択している可能性がある。しかし一方で，各課題に応じた方略によって，効率性の高い経路をとることができる可能性も考えらえる。

　第5章では，キーアにおける問題解決開始前のプランニング能力の検討を，鍵開け（人工果実）課題を用いて行った。木製箱の上面中央に，正方形の透明アクリル製のふたがあり，開けることで中の食物が得られた。ふたの周囲に，棒を引き抜くことで取り外せる同一の鍵を複数個設置できた。初期段階のテストでは，鍵の1つはふたの上に伸びており，取り外す必要があったが，他の鍵は操作の必要がなかった。鍵の上に透明（「事前呈示あり」）または黒色不透明（「事前呈示なし」）の小アクリル板を置き，キーアは課題遂行前にこれを取り除く必要があった。キーアは，操作を必要とする鍵を最初に正しく選択して課題を解いたが，反応の位置偏好が見られたテストもあり，「事前呈示あり」条件で課題成績が高いという結果はえられなかった。2段階の鍵の操作が必要な状

況を導入したその後のテストでは，最初に不適切な反応をした後で行動を修正する時間が，「事前呈示あり」条件で有意に短かった．これは，キーアが探索的な対象操作をしながらも，課題解決前に解決方略を潜在的にプランニングしていた可能性を示唆している．このことは，捕食圧が低く食物資源の乏しい野生環境下で試行錯誤的に採食をするキーアの生態と，多様な種に共通するプランニング能力に対する選択圧とがともに作用した結果と解釈できるように思われる．

　第6章では，第2章および第3章でハトに用いたものと同様の迷路課題を，ヒト幼児に課し，結果を種間で比較検討した．迷路の標的と目標にはそれぞれ犬と骨の絵を使い，幼児はコンピュータのタッチモニター上で犬の絵の上下左右に出た矢印を指で触ることによって，犬を移動させた．6-2では，第2章と同様の鍵形の棒がある迷路を課した．幼児はこの課題を遂行することができ，またハトと同様に近道の経路を高い割合で選択した．6-3では，第3章と同様の十字形迷路を課した．幼児は，迷路中央での移動の向きおよび反応時間について，ハトと類似した結果を示した．また，4歳児のほうが3歳児よりも目標の変化後に正しく移動方向を調整した割合が高かった．以上の結果は，3歳から4歳にかけての抑制制御能力の発達についての知見とも矛盾しないものであり，系統的な位置や発達段階が異なる幅広い種間で，問題解決における内的過程が共有されている可能性をも示唆している．

　一連の研究により，ヒトから系統的に遠いハトがプランニング能力を持つことが示唆された．また，キーアでの研究から，プランニング能力の発現のしかたが個別の生息環境に影響される可能性が示唆された．またヒト幼児における研究から，一定水準以上のプランニング能力が，系統位置や発達段階の異なる広範囲な種に共有されている可能性も示唆された．一連の結果は，鳥類を含む広範囲な動物種に，一定以上のプランニング能力が共有されている可能性を示すものであるとともに，この能力には個別の生息環境の要因による制約が存在する可能性をも示唆するものだといえるだろう．

7-2 脳の進化と思考の発現

　本書での研究から，広範囲な鳥類がヒトとも共通する可能性のあるプランニングを使うことで問題解決をする能力を持っていることが示唆された。ここでは，そうした能力を実現していると考えられる脳構造の進化に関する知見を参照し，行動研究における知見と照合することで，思考の進化史を考察することにしたい。

　鳥類の脳とヒトを含む哺乳類の脳とは，共通祖先である原始爬虫類ないしはその前の両生類の段階から，大きく異なる構造進化の道筋をたどってきた。図7-1に，鳥類と哺乳類の脳構造を示している（渡辺・小嶋，2007; Striedter, 2005 も参照）。まず，哺乳類は大脳を大きくしたグループであるが，なかでも大脳新皮質が大きく発達していることに特徴がある。大脳新皮質は，両生類の背側外套から発達したものと考えられており，6層に細胞が分かれた層構造をなし，細胞が相互に樹状突起で連絡している。またヒトも含めた複数の種で，新皮質には溝と回からなるしわが見られる。一方，鳥類では，背側外套が哺乳類のようには大きくなっておらず，そのため鳥類は大脳新皮質を持っていない。だがそのかわりに，背側脳室突起（DVR）と呼ばれるふくらんだ構造が，外から内側の脳室に向かって大きく張り出しているのが特徴的である。巣外套および内外套と呼ばれる脳部位が，DVR に含まれる。DVR は爬虫類と鳥類とが共通して持っている構造であるが，鳥類の DVR は爬虫類よりも大きく，しかも多くの下部構造に分かれている。すなわち，DVR は鳥類の脳において最も発達した構造であると考えられる。DVR の起源についてはいまだ諸説があるが，両生類の外側外套が DVR の原型にあたるとも考えられている。哺乳類の新皮質が層構造をなしているのと対照的に，鳥類の DVR は核構造と呼ばれる，細胞がかたまりとしてまとまる構造をなしている。

　このように，鳥類の脳は，哺乳類の脳とは解剖学的構造が大きく異なっている。だがそれにも関わらず，行動実験でカラス科の種は高度なプランニング能力を示し，さらに本書での研究からカラスだけでなくより多様な鳥類に，プランニング能力の存在を示唆する行動的な証拠が得られた。このことから，脳構

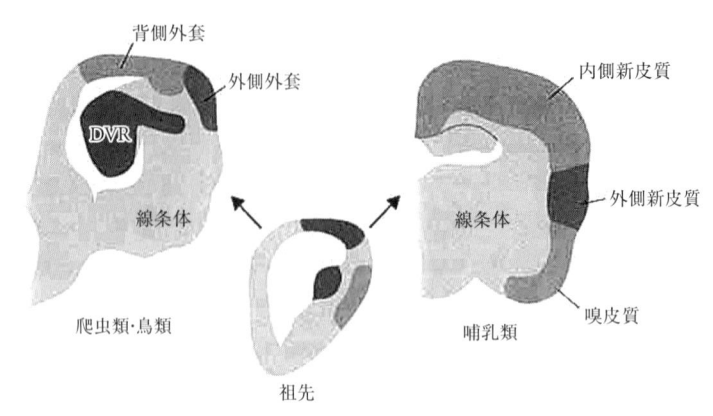

図 7-1 哺乳類と鳥類の脳構造（渡辺・小嶋, 2007）。共通祖先から, 哺乳類では新皮質が, 爬虫類と鳥類ではDVR（脳中央部）が発達する過程を示す。

造が互いに異なっていても，プランニング能力は鳥類と哺乳類との間で収斂しているといえるかもしれない。それでは，哺乳類と鳥類はそれぞれどのような神経メカニズムによって，こうした同等とも考えられる認知機能を実現しているのだろうか。まず第1章でも述べたように，ヒトも含めた哺乳類では，大脳新皮質とくに前頭前野皮質やそれを含む神経ネットワークがプランニングに関わっていると考えられている。一方，鳥類はどのようなメカニズムによってプランニングしているかはまだよく解明されていないが，鳥類には新皮質がない以上，哺乳類とは異なる機構によって高度な計画能力を実現させているものと考えねばならないと思われる。鳥類の脳に特徴的な構造であるDVRのうち，巣外套は鳥類の中ではカラス科の種で突出して大きい部位である（Emery and Clayton, 2004）。もちろん今後の知見を待つ必要があるが，巣外套を含めたDVRが，哺乳類の前頭前野皮質に相当する機能を担う形で，鳥類のプランニングに関わっている可能性もあるかもしれない。

　なぜ哺乳類と鳥類は，一方では異なる脳構造を進化させつつ，他方ではともに同等とも思えるプランニング能力を実現するようになったのだろうか。清水（2000）は，哺乳類と鳥類の脳が違ってきたことに関して，(1)代謝率の相違と(2)繁殖戦略の相違という2つの要因を挙げている。これらの点について，鳥

類の祖先にあたる爬虫類と哺乳類との間には対照的な相違がある。

　第1点目の代謝率は，単位時間ないし単位体重あたりの酸素消費量をさしている。爬虫類は代謝率が低く，体温維持を外界に依存する変温動物である。爬虫類は酸素を使わない無気性代謝によって運動しており，このシステムではブドウ糖の分解過程から筋収縮エネルギーを得るので素早いエネルギー供給が可能だが，すぐに筋肉に疲労が蓄積してしまう。そのため，爬虫類は短時間のうちに素早く正確な運動を連続的に実行する必要がある。このような短期即決型のシステムとして，中脳系による行動制御が非常に適していると考えられている。中脳には外界の地図と運動系の司令部があり，中脳からDVRへ入力情報を送り，大脳基底核を介して運動系の制御を行うこともできる。一方，哺乳類は外部環境に関わらず体温を一定に保つことができる恒温動物である。体温を維持するには高いエネルギーが必要であり，そのため，食物を酸化する過程で得られるエネルギーを用いた好気性代謝を行っている。したがって哺乳類は，常に食物を得る必要に迫られているといえる。こうした動物においては，対象の状況を的確に把握する戦略が適応的となる可能性がある。そのための機構として，前頭前野皮質を含む大脳新皮質が機能していることが考えられる。

　第2点目の繁殖戦略においても，爬虫類と哺乳類とは対照的である。爬虫類の中にも育児を行う種はあるが，一般的ではない。一方の哺乳類は育児を行う必要があり，子どもは非常に代謝率が高いうえに自力でエネルギーを補給できないため，親はそのための栄養を与えねばならない。子ども1個体あたりの「親の投資」が増加すると，一生のうちに作り出せる子どもの数が減り，健康で強い子どもを生みだす遺伝子をもった配偶者を獲得する必要が生じる可能性がある。そのため性淘汰の重要性が高まり，求愛ディスプレイも複雑になることが考えられる。こうした要求に答えるためには，時間をかけても慎重な対象分析や状況判断を行う戦略が適応的となる可能性がある。

　こうした枠組みの中で，鳥類は特有の位置を占めている（渡辺・小嶋，2007）。鳥類は哺乳類と同じ恒温動物であり，代謝率が高い。また哺乳類と同様に育児を行うため，親はそのための多大な投資が必要である。したがって哺乳類と同様に，慎重かつ柔軟に行動決定することが適応に資すると考えられる。しかし一方で，鳥類は爬虫類から進化した系統であり，進化の当初から発達した

DVRを持っていたと考えられる。そのため，未発達の背側外套を哺乳類の新皮質のように大きくするのではなく，すでに発達していたDVRを恒温動物としての必要に合わせて進化させるほうが合理的であった可能性がある。さらに鳥類は，飛翔のために素早く対象を認知し，連続的な運動をする必要がある。飛ぶためには，脳の重量をできるだけ軽く抑えることも重要であると考えられる（3-4も参照）。そこで，哺乳類のようには脳を大きくせず，爬虫類と同じ短期即決型のシステムを維持しつつも，ある程度以上は脳内で心的表象を操作することによるプランニングを使った，複雑で柔軟な問題解決も実現できるように脳を改良する。これが，鳥類が選んだ独自の道だったのではないかと推測できるだろう。こうした考えは，本書の研究でハトやキーアを対象として得られた行動的な証拠とも矛盾しないものである。

　以上は本書で主要な対象とした鳥類および哺乳類だけに限定した議論であり，それ以外の系統発生学的位置にある動物の思考能力については，個別の検討を待たねばならないだろう。しかし，このように脳の進化を参照することで浮かび上がってくるのは，構造の進化史が大きく違っていても，別々の系統位置にある動物にともに思考能力を発現させ，その個別のあり方をも規定する環境の選択圧の強さであるように思われる。環境の圧力といっても，これまで論じてきたものを含めて，物理的および社会的側面におけるあらゆる要因が考えられる。物理的要因としては，気候の条件，食物資源の多寡や得やすさ，巣や繁殖場所の確保のしやすさなど，社会的要因としては，天敵の存在，群れの他個体や生息場所を共有する他種との競合，配偶者をめぐる競合など，挙げうる要因はいくつもあるだろう。これらの諸要因のいずれが思考能力に影響をおよぼしてきたのかを知るためには，特定の生息環境の要因だけが互いに異なっており，それ以外の要因は共通しているような種を対象に比較研究をすることが考えられる。しかしいずれの場合にも共通することとして，環境に内在する複雑さや厳しさといったものが，これまで想定されてきた以上に広範囲の動物に思考を発現させる方向づけを与えてきた可能性が推測できると思われる。

コラム3　問題解決の遍在性

　本書では，思考を脳内での表象操作過程として論を進めたが，問題を解決すること自体は必ずしも思考によるとは限らない。脳や神経系を持たない生物も，問題場面には直面するし，それを解決することは生存上有益であるはずだ。たとえば真正粘菌は脳や神経系を持たない単細胞の原生生物で，原形質のかたまりでアメーバ運動をし，管からなる複雑な網目状の外観をしている。Nakagaki et al. (2000) は，粘菌の変形体が，最短経路を取って迷路を解く能力を持つことを示した。Nakagaki らは，粘菌の1種モジホコリ (*Physarum polycephalum*) の変形体を小さく分け，寒天ゲルを敷いた3 cm四方の迷路の上に置いた。粘菌は広がって互いに合体し，迷路の道筋全体に広がった。次に，迷路の入口と出口に餌を与えた。粘菌はまず，行き止まりの経路にある部分を衰退させ，入口と出口とを結ぶ経路に管を残した。次に，粘菌は接続経路のうちで長いものを消去し，最終的に最短経路の管をえらんで1本の管を形成した。Nakagaki らは，細胞を構成する原形質の物理化学的な特性に基づいて粘菌の迷路解法が説明できるとし，この単細胞生物が高度な情報処理能力を持つと論じている。さらにTero et al. (2010) は，日本の首都圏を模した容器に粘菌を置き，「都市」に相当する場所に餌を与えると，実際の鉄道網にそっくりの形状に変形することを示した。すなわち粘菌は，巡回セールスマン問題に類似した課題も，効率性の高い経路を選択して解くことができるようである。

　このように，問題が与えられた際にそれを解決する能力は，あらゆる生物に備わっている可能性があるといえよう。もっとも，問題解決といっても，物質の物理化学的な性質で説明できるものや，遺伝的に組み込まれたものを含めて，多くのレベルがあることが考えられる。進化史における思考の出現をとらえるという観点からは，生物がどの時点から脳内での表象操作にもとづく問題解決をするようになったかを，これまで以上に多様な種を対象とした比較研究を通して検討することが必要ではないだろうか。

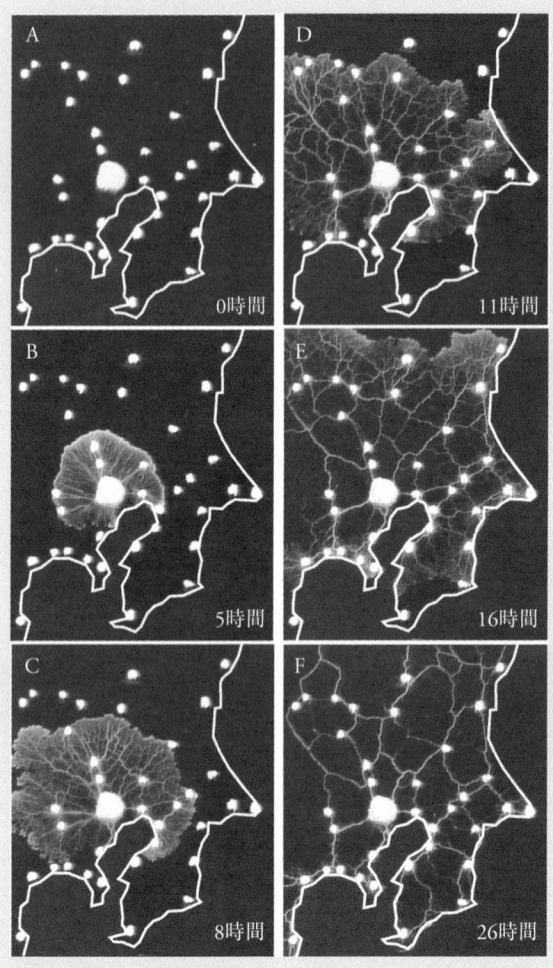

図　粘菌が日本の首都圏の鉄道網と類似した形状に変形していく様子
（Tero et al., 2010）

7-3 鳥類の生態とプランニング

　本書の鳥類を対象とした研究で得られたデータ，とりわけハトのコンピュータ画面上でのナビゲーションによる迷路や巡回セールスマン課題遂行における研究成果は，動物の野生下でのナビゲーションや採食行動にどの程度結びつけて理解できるのだろうか（口絵6）。

　たとえば行動生態学における「最適採食理論」は，鳥類の採食飛翔のモデル化を行っている。ヒナに与える餌を巣から出て集めるトリは，採食飛翔の経路を最適化することで，繁殖における成功確率を高めることができると考えられる（Kacelnik, 1984）。たとえばホシムクドリ（*Sturnus vulgaris*）は，ヒナに餌を与える時期には，活動時間のほとんどを採食活動に費やす。巣を出て餌場に行き，餌の小動物を集め，巣に戻ってヒナに餌を与えるという採食旅行を，ホシムクドリは1日あたり300〜400回繰り返す。この旅行をする際にホシムクドリは，得られるエネルギー量が最大になる餌場，あるいは質の高い餌が高密度で得られるような餌場を適切に訪れる必要があり，そのための意志決定をせねばならない。このような採食旅行1回あたりにホシムクドリが得られる餌のエネルギー量は，巣から餌場までの距離にも大きく依存する。すなわち，飛翔にかかる合計時間が短いほど，得られるエネルギー量は多くなると考えられる（Bautista et al., 1998; Kacelnik and Cuthill, 1987, 1990 も参照）。このようにこれらのトリは，日常的にナビゲーションや巡回セールスマン問題に相当する課題を遂行しており，効率的な経路を選択して餌場を訪れる能力が大きく適応に資すると考えられる。

　より大きな空間規模について考えると，鳥類は卓越したナビゲーション能力を持つ群であり，長距離を飛翔して渡りや帰巣をする種が多い。本書では主にコンピュータ画面上や小規模空間内での移動行動を「ナビゲーション」として扱ってきたが，こうした長距離のナビゲーションはトリの能力のある意味で最も際立った面ともいえる。たとえばハトは，過去に飛んだことのない方位に光を遮断した状態で200キロメートル以上移動された場合でも，放されるとしばらく旋回した後でほぼ正しく巣の向きに飛び始める（Keeton, 1974）。眼鏡を

装着されて視力を奪われた状態でも，ハトは数キロメートル離れた地点から帰巣することができる（Thorup et al., 2007）。飼育場内で育てられたハトでも，自然の風を経験していればナビゲーション能力を持つことができる。また若く飛翔経験の少ないハトを対象にした研究から，飛翔の向きを決定する上で，過去の帰巣経験は必ずしも必要ではないことが示唆されている。たとえばGagliardo et al.（2007）は，飼育場内の拘束下で育てられた若いハトと，巣の周りを自由に飛び回ることを許された若いハトのそれぞれにおいて，巣から離れた地点から放した際の帰巣経路を全地球測位システム（GPS）を用いて記録した。拘束下で育ったハトのナビゲーション能力や帰巣に対する動機づけの高さは，自由に飛んで育ったハトにくらべて劣っていなかった。しかしながら，拘束下で育ったハトは，帰巣の最終段階において巣周辺の既知な視覚的ランドマークを利用する能力では，自由に飛んで育ったハトより劣っていた。

　ハトが長距離ナビゲーションによる帰巣でどのようなメカニズムを用いているのかについては，その優れた能力の神秘性ゆえか理論的，実験的立場の両方から数多くの研究がなされてきた。ただ，研究によって異なる複数の仮説が提示されているのが現状である。ひとつの説として，トリは巣の周辺地域における局所的な磁場の勾配を認識しており，それに基づいてはじめて飛ぶ場所においても現在位置を推定しているとするものがある（Gould, 1980; Lohmann et al., 2007）。トリが太陽，偏光，磁場，星座といった複数の手がかりを用いているという点については，研究者間でも比較的合意が得られている（Gould, 2009）。また別の説として，風によって運ばれた匂い信号をトリが放された地点で知覚し，それを標識として飛翔し続けることで巣まで戻り着けるという可能性も提示されている（Papi, 1976; Wallraff, 1981; Jorge et al., 2009）。さらに，トリは方位や距離，ランドマークといった種々の手がかりを転地される際に記憶し，そうした情報を帰巣の際に利用しているかもしれない（Gagliardo et al., 2007; Gould and Gould, 2010）。これらの理論は，必ずしも複雑な回り道の場面や，複数の地点を訪れて巣に戻るような場面を想定しているとは限らない。しかし，さまざまな刺激状況を含むナビゲーションを大きな空間規模で行う際に，トリが何らかの特有の機構を用いることができる可能性は十分に推定できるであろう。

　以上を踏まえて，本書のコンピュータ画面による課題からの知見と，野生下

第7章　思考の進化史を考える

のハトの生態との対応を考えたい。野生のハトが日常行っていると考えられるナビゲーションは，2種類の異なる空間スケールでのものだろう。第1番目は地表での移動や採食，第2番目は帰巣など長距離を飛翔するナビゲーションである。第1番目に関しては，比較的小規模な空間内でハトが地表に散らばった穀物などの食物を食べる場面を考えると，現在位置から最も近い所にある食物を最初に取り，次にそこから最も近くにある食物を探す方略が，最適ではないにせよ効率性の高い方略になる。こうした「至近点選択方略」をとり，せいぜい次の1手だけを先読みすることで，時間や労力の浪費を最小限に抑えて最大限のエネルギー源を得られる場合も多いだろう。この状況では，異なる方略間の効率性の乖離が比較的小さいので，あえて最適の方略を見つけようとするほうがかえって認知的資源のコストが高いかもしれない。ある地点からは隠れて見えない目標物がある場合も少なくないだろう。むしろ，主に局所的手がかりを使いつつ試行錯誤的に食物を探すことが有効となる場合が多いと思われる。また 4-5 の巡回セールスマン課題で，ハトが先行研究（たとえば Gibson et al., 2007; Janson, 1998）と同様に群をなす目標を最初に訪れる傾向を示したことを認めるなら，それも適応上重要な方略を反映している可能性がある。複数の食物片や餌場が密集した地点を選択することで，まとまった量の食物を，それらが取り去られる前に素早く手に入れることが可能になると思われる。本書の一連のナビゲーション課題では，地表に垂直な前額平行面上に刺激を呈示したが，課題状況としては地面での採食にかなり類似していると考えられる。そのため，一連の研究結果は，全体として野生下でのこのような採食戦略を反映したものかもしれない。

　第2番目の空間スケールは，より大規模な空間内を飛翔し，目標地点を訪れる場合である。上述の通り，ハトはこうした長距離ナビゲーションで非常に高度な能力を示す。数キロメートルやそれ以上の距離を飛ぶことは，地表での採食より負荷が大きいため，非効率な方略をとることは移動に費やす時間やエネルギーの多大な浪費につながる。そのためハトは，餌場などの目標地点を訪れるために長距離を飛翔する際には，地表で採食する際よりも高度に洗練された心的システムを用いることで，移動距離が短く効率性の高い経路をとる場合が多いかもしれない。こうした見方は，ホシムクドリの採食飛翔に関する

167

Kacelnik (1984) の最適採食理論とも矛盾しない。また上述のように，飛翔するハトは匂いや磁場など複数の手がかりを飛翔方位の決定に用いている可能性があり，そうした能力はヒトやヒト以外の霊長類をはるかに凌ぐものと考えられる。したがって，本書の研究と同様の迷路課題や巡回セールスマン課題を，目標までの距離が数キロメートル以上といったより大きな空間規模でハトに課せば，本書の研究結果とは大きく異なる方略が見られる可能性がある。たとえば，4-3 から 4-4 にかけて，ハトは課題遂行の方略を変えたと思われる。4-3 ではハトは 3 個の目標を「円く巡回する」経路をしばしば取ったのに対し，4-4 ではハトは時計回り順で 2 番目の，最も近くにある目標を最初に訪れる経路を主に選択した。局所的な手がかりに依るところが大きいと思われるこうした方略は，小規模な空間内での採食には有効だと思われる。しかしより大規模な空間でのナビゲーションであれば，ハトは「円く回る」経路をとり続けたほうが，合計移動距離を最短化できて有利ではないだろうか。実際 Gagliardo et al. (2007) は，ハトに GPS を装着して，帰巣経路の詳細を記録することに成功した。こうしたシステムを応用してハトの野生下における長距離ナビゲーションの方略を検討することが，有望な方法のひとつかもしれない。

　本書で紹介してきたように，コンピュータ画面を用いたナビゲーションや迷路課題は，実験室内での動物の認知研究の新たな地平を切り拓いてきた。しかしながら，コンピュータによる 2 次元場面を使って得られた知見が，実世界の 3 次元場面におけるナビゲーションや空間的問題解決とどの程度同一視できるかは，慎重に考慮する必要があるだろう。仮想場面と現実場面のこうした溝を埋めるひとつの方策は，仮想現実場面を使うことかもしれない。霊長類における例として Washburn and Astur (2003) では，アカゲザルがジョイスティックを用いてコンピュータ画面上の仮想 3 次元空間を移動することを学習し，画面内に提示された標的刺激を見つけることができた。さらに，アカゲザルの仮想空間内での移動のしかたは，より古典的なコンピュータ画面上の 2 次元迷路を解く際のものに類似していた。Washburn and Astur (2003) は，ヒトの場合（たとえば Bliss et al., 1997; Regian et al., 1992; Witmer et al., 1994）で示唆されているように，仮想ナビゲーションが現実世界での移動をよく模したものであれば，仮想空間で訓練された空間的スキルが現実世界での遂行に般化することは十分あり

えると述べている。Cook et al. (2001) は，ハトがコンピュータ画面に提示された仮想物体を見る際に，3次元表象を形成している可能性があることを報告している。Watanabe and Troje (2006) は，ハトがコンピュータ画面上に提示された同種他個体の，あり得る動きとあり得ない動きとを区別できることを示した。ハトが2次元上に描かれた仮想上の立体をどの程度3次元として認知しているかについては，さらに検討が必要だと思われる。しかし，こうした仮想現実場面を応用してハトの種々のナビゲーション遂行を検討することで，実験室でのデータを鳥類の生態により効果的に結びつけられる可能性はあるだろう。

7-4 異なる水準の計画とその統合的理解

　本書の研究では，ヒトから系統的に遠い鳥類がプランニング能力を示す可能性を示した。さらに，プランニング過程がヒトも含めた幅広い種間で共有されている可能性をも示した。一連の研究は，思考の比較研究の新たな地平を切り拓くものであったといえる。本分野の研究を今後発展させるうえで重要な点のひとつとして，これまでの研究で検討されてきた水準の異なる複数のプランニングを統合して理解することを挙げたい。第1章でも述べたように，動物を対象としたプランニング研究は，現在のところ，(1) 系列的で複雑な操作を扱っているが，短い時間スケールで動物の現在の欲求を満たすためのプランニングを示したもの，(2) 長い時間スケールで動物の将来の欲求を満たすプランニングを示したが，操作としては単純なもの，のどちらか一方にとどまっている。これらは，相互排他的ではないと考えられる。すなわち，将来の必要のために系列的で複雑な操作をプランニングする必要のある場合も多いはずである。

　このようなプランニングを検討するには，7-3の議論とも関連するが，系列学習（たとえば Scarf and Colombo, 2010）や本書の研究の迷路や巡回セールスマン問題のようなコンピュータによる課題を野生下にも応用することが有効であろう。すなわち，本書で用いたようなコンピュータを使った実験課題は，変数を厳密に統制することが可能で，自動化された行動データをとる方法として優れている。しかしそれに加えて，仮想的なナビゲーションだけでなく，実生活

上の3次元空間における課題をも使うことで，実験に生態学的な妥当性を持たせることができるだろう。したがって，コンピュータ画面による課題に加えて，それを飼育場内や室内などの実空間に置き換えた課題も用い，両方の実験状況から得られた結果を相補的に検討することが有効であると考えられる。たとえば本書で用いたナビゲーション課題は，さまざまな種に適用可能だと考えられるので，高度な物理的，社会的認知能力が報告されているカラスのような種をも対象に，こうした観点からの研究を行うことが有効であろう。

また，本書の研究で用いた課題は，目標刺激への到達やふたを開けることなど，いずれも課題解決の開始前および解決中に，解決の状態が見えているものであった。しかし，最終的な解決状態が見えず，みずからの行動によって目標もさまざまに変化しうるような状況下で，解決状態を心的に表象しつつ思考する必要のある課題を課すことも考えられる。たとえば，囲碁や将棋などを含めた，ヒトが解く種々のゲームの多くは，解決された状態が見えない状況における思考ないしはプランニングを必要とする。採食や繁殖に関わって動物が直面する問題状況も，目標状態が見えていない場合が多いと考えられる。野生下での場面も含めて，多様な課題でテストすることが必要であろう。

本書の研究では，せいぜい数秒から数10秒といった，短い時間単位での思考ないしはプランニングを対象にしてきた。第3章でも論じたように，思考は分，時間，日単位といった長い時間単位だけではなく，数秒のような短い単位でもなされうるものだろう。しかしながら，長い時間単位での思考と短い時間単位での思考とは，広義には同じものととらえうるとしても，質的に異なる面もある可能性がある。たとえば，次節で詳述するような，自身のプランニング内容に対する気づきあるいはメタ認知（自らの内的状態の認知）を持つことの重要性は，それが時間的に長い範囲におよぶ場合ほど高まるかもしれない。それゆえ，本書での研究より長い時間単位での思考も対象とすることも必要だと考えられる。コンピュータ画面を用いたものに限らず，野外などの実空間でも実験を行うことは，そうした意味でも重要であろう。

本書の研究でもそうであったように，実験室での課題と野生下での研究の両方について，行動実験の結果が学習とその般化，潜在学習，系列的学習，その他の高次な心的表象を仮定しない種々の単純な過程によって説明される可能性

は常にあるといえる。同じ研究結果が複数の理論的な枠組みで解釈可能な場合，思考やプランニングのような高次な解釈を適用することは，それ以外のより低次な解釈の可能性が可能な限り排除されたときに妥当になると考えられる。複数の統制実験を行い，どの次元での行動を理解することが妥当であるかを常に慎重に考察していくことが必要であろう。

7-5 プランニングのメタ認知と意識

　動物での思考研究の今後を展望する上で特に重要と思われるいまひとつの点として，思考やプランニングのメタ認知に対する研究を挙げたい。メタ認知とは，自身の内的状態に対する能動的な認知を指し，自身の知識の有無，記憶の確かさ，判断の確信度に対する認知などを含んでいる（藤田, 2010）。ヒトも含めた動物が絶えず変化する生息環境に適応するためには，行動を選択する際に，複数の可能性をメタ認知して比較検討することが必要である。たとえば，餌場を訪れるための経路が何通りかあり，それぞれをプランニングして各経路の効率性や危険性を比較検討する場合を考える。これらのプランニングをした後で，経路の効率性や危険性についての自らの知識の確かさや，それに基づくプランニングの確かさ，つまり，自分の内的な処理の正確さに対する自信度をメタ認知できれば，適切な経路を選択ないし回避するのに大きく資すると考えられる。このように，思考のメタ認知は，ヒト以外の動物にとってもヒトと同様に重要な適応的意義を持つと思われる。さらに思考のメタ認知は意識のはたらきのひとつにほかならないと思われるので，この能力の進化史を理解することは，意識の出現を解明するうえでも光を投げかけるものと期待できるだろう。それゆえ，ヒトの思考の起源を解き明かすには，自身の思考やプランニングの内容に気づき，それをメタ認知する能力を研究することが重要である。
　プランニングの内容に対するメタ認知は，予見的なものと回顧的なものの両方について，将来の行動について複数の可能性を比較し，行動を柔軟に決定することを可能にすると思われる。予見的なプランニングの内容に対するメタ認知は，将来の行動について複数の可能性を比較し，実際の行動を柔軟に決定す

ることを可能にするはずだ。このメタ認知があれば，たとえば，みずからが解く課題を能動的に選択させた場合において，決められた課題を強制的に解かせた場合にくらべて，遂行成績が高くなることが考えられる。また，自身の過去における思考に対するエピソード記憶[78]を持つことは，回顧的なメタ認知を必要とするだろう。こうした過程は，回顧された情報内容を利用することで，将来における行動を適切に選択することに資するに違いない。

　コンピュータ画面上で，図形などの複数の刺激に決められた順に反応していく，系列学習課題を例にとって，そのプランニングに関わるメタ認知を考えてみる。まず，当該の問題の解決方法を知っているかどうかをメタ認知することで，プランニングを開始するかどうかが決定されることが考えられる。このメタ認知は，正しい系列反応に導くヒントを希求する行動（Kornell et al., 2007）が，はじめて解く課題や難度の高い課題を解く場合に，すでによく知っている課題や難度の低い課題を解く場合よりも多く見られることによって示せる可能性がある。次いで，プランニングの終了時や終了後に，当該のプランニング内容がどの程度効率的で成功につながるものかについてのメタ認知がなされることが考えられる。たとえば Biro and Matsuzawa（1999）のように，コンピュータ画面上の3つの数字を小さい順に触っていく系列反応課題で，1番目の数字に触れた瞬間に2番目と3番目の数字の場所が入れ替わる，スワップ試行と呼ばれるケースについて考える。このような試行で，数字への一連の反応が終わった後で，自分がした反応が正しい反応・誤った反応のどちらだったかを答えさせるという手続きを考えてみる。スワップ試行に正答する場合，反応時間が他の試行より長ければ，それはスワップ以前にしていたプラン内容を適切に修正できた結果だと考えられる。一方，スワップ試行に誤答する場合，スワップ以前にプランニングしていたがスワップ時の刺激の変化に気づかなかった，または刺激の変化には気づいたがプランニング内容を修正して出力ができなかった，といった場合が考えられる。いずれの場合でも，誤った反応をする場合には正しい反応をするのに必要な刺激変化の認知または反応の抑制ができていないのだから，正しく反応する場合よりも認知的に低水準と考えられる。ゆえに，誤っ

---

[78] 個人的体験や出来事に対する記憶

た反応をする場合には，自分がしたプランニングへの自信度も低い可能性がある。そこで，正しい反応・誤った反応の区別を数字への反応終了後に答えさせる以外に，価値の低い食物（報酬）を常に与える「逃げ」の選択肢を与えると，誤った反応の場合のほうが正しい反応の場合よりも「逃げ」をする割合が高くなるかもしれない。

　本書の研究で使ったコンピュータ画面上でのナビゲーション（空間移動）課題や迷路課題を利用して，プランニングに関わるメタ認知を検討することも考えられる。予見的なプランニングのメタ認知，すなわち自身のプランニング内容に気づき，それを認知する能力を検討する研究の例として，動物の能動的な課題選択を調べる案を考えてみたい。研究の目的は，解決する課題をみずから決定させることで，自身のプランニング内容に対するメタ認知があるか検討することである。まず動物に，ハトに用いたものと同様のコンピュータ画面上でのナビゲーション（空間移動）課題を学習させる。課題解決の開始前に事前呈示段階を設け，一定時間が経過した後，標的の開始位置をつつくことによってみずから課題解決を開始するように訓練する。その後，2個以上の標的を事前呈示し，動物がみずから選択した標的が開始位置になるようにする。複数の標的の位置関係をさまざまに変えてテストを行い，目標に最も近い標的を選択するといった課題選択が見られるか検討する。次に，ハトの場合と同様の，壁に見立てた棒を回避する回り道課題を学習させる。テストでは，事前呈示段階において2個以上の標的を目標から等距離に置き，それぞれの標的の開始位置と目標との間に種々の壁に見立てた棒を置く。ある開始位置を選択した場合には容易に目標に到達できるが，別の開始位置を選択した場合には，棒を適切に回避せねばならない困難な課題になるようにする。このような選択場面で，課題を容易に解くことができる標的の開始位置を，動物が適切に選択できるか検討する。一連のテストで，複数の選択肢から能動的に課題を選択させる条件（テスト条件）と，当該の課題を強制的に解かせる条件（統制条件）とを比較し，前者で後者よりも遂行成績が高いという結果が得られれば，自身のプランニングに対するメタ認知が証明できるだろう。

　問題解決行動に対するエピソード記憶的記憶を検討するための課題の例として，やはり本書の研究で用いたコンピュータ画面上でのナビゲーションや迷路

課題を用いた研究の案を考えてみる。研究の目的は，みずからの問題解決行動を回顧的に報告できるか検討することで，自身の思考内容に対するメタ認知があるかを調べることである。ハトに用いたものと同様の，標的を目標に誘導するナビゲーション課題を動物に訓練し，標的が目標に到達した直後に，その試行において標的が動いた軌道を，事後呈示として黄色の折れ曲がりのある線で表示する。軌道を示す線の中央に緑色の小点を呈示し，小点をつつくことで食物（報酬）を与える。次に，事後呈示において，軌道を示す線を2本以上呈示する。1本は当該試行における軌道を示す線，他は標的の移動回数が同じで当該試行とは別の軌道を示す線とする。当該試行の軌道を示す線をつつくと食物を与え，それ以外の線をつつくと罰としての待ち時間（タイムアウト）を課す。標的と目標との位置関係や，動物が実際に取ったものと異なる軌道を示す線をさまざまに変えてテストを行い，正しく当該試行で自分が取った軌道を選択することができるか，またその行動特性は刺激の配置関係とどのように関係するか検討する。たとえば，標的と目標の距離が短く，当該試行の軌道を示す線と別の軌道を示す線との乖離が大きいほど，当該試行における軌道を正しく報告できる割合が高くなる可能性がある。さらに，壁に見立てた棒のある回り道課題といった，より難度の高い課題をも課し，動物がみずから選んだ経路をどの程度正しく回顧的に報告できるか検討することも考えられるだろう。ただ，こうした実験デザインでは，一定の訓練の後に新たな課題への転移を検討することになるため，エピソード記憶ではなく意味記憶を介して解決がなされる可能性も排除が難しいかもしれない。1度だけ偶発的に起きた事象に対する自伝的報告を検討できるような手続きを考えることも必要だと思われる。

　ヒト以外の動物のメタ認知に関する研究は，チンパンジー，オランウータン (Call and Carpenter, 2001)，ボノボ，ゴリラ (*Gorilla gorilla*) (Call, 2005)，アカゲザル (Hampton, 2001)，フサオマキザル (Fujita, 2009)，ハンドウイルカ (*Tursiops truncatus*) (Smith et al., 1995)，ハト (Nakamura et al., 2011; Sutton and Shettleworth, 2008)，ニワトリ (*Gallus gallus*) (Nakamura et al., 2011)，ラット (Foote and Crystal, 2007) といった種でなされている（総説として，藤田，2010参照）。しかし，鳥類においてメタ認知を示した証拠はいまだ少ない。一部のカラス科の種では，みずからの過去や未来のことについて思い描く「心的時間旅行」をするという報

告がある（たとえば Emery and Clayton, 2004）が，それらの過程に対するメタ認知があるかどうかは明確に示されていない。また上述のハトやニワトリにおける報告は，視覚探索や遅延見本合わせといった，コンピュータ画面をつつかせる行動課題で，選択を行った後に，みずからの選択に対する確信度を報告させたものであり，これらは回顧的なメタ認知の可能性を示唆する事例である。プランニングとの関連で重要なのは，予見的なメタ認知だと考えられる。鳥類の予見的メタ認知については，Adams and Santi（2011）のハトにおける示唆的データがあるにとどまっている。Adams and Santi（2011）では，コンピュータ画面を用いて訓練を重ねた課題（見本合わせ課題）で，みずから選択して解いた課題のほうが，強制的に選択させられて解いた課題よりも，遂行成績が高かった。しかし訓練前に行ったテストでは，これらの課題の間に遂行成績の差が見られなかったため，予見的メタ認知の確定的な証拠とはとらえがたい。鳥類でプランニングのメタ認知を示す強い証拠が得られれば，このような高度な認知能力がこれまで考えられてきた以上に広範囲の種に共有されている可能性を示せるだろう。メタ認知が効率的なプランニングを促進する可能性を考慮すると，プランニング能力を持つ広範囲の種において，プランニングのメタ認知が見られることが見込まれる。

　比較研究に際しては，特定の社会生態学的または物理的な環境の要因が異なっており，他の要因は共通している種を比較することが有効であろう。たとえば天敵の多い環境に生息する種は，短時間での効率的な採食や逃避行動の戦略を必要とすることが考えられる。そのためこうした種では，天敵のいない種にくらべて，自身のプランニング内容をメタ認知して適切な行動をとることが適応に資するかもしれない。また，プランニングないしそのメタ認知が，採餌において競合する同種他個体の影響を受ける可能性もある。たとえばアメリカカケスの貯食では，ある個体が隠した餌の場所を同種の仲間が覚えており，機会があればその餌を盗む（Emery and Clayton, 2001）。こうした競合的な社会性の高い種では，自らのプラン内容をメタ認知することが，仲間の個体に奪われずに採食や貯食をするのに役立つことが考えられる。食物の得やすさや繁殖場所の確保といった物理的要因についても，複雑で変わりやすい環境に生息する種では，そうでない種より自身のプランをメタ認知する能力が適応上重要となる

かもしれない。プランニングのメタ認知は，ヒトでも重要な役割を果たす高次な認知能力であり，認知的意識の働きのひとつととらえられる。そのため，こうした個々の要因の分離を可能とする比較研究を行うことで，思考ひいては意識の系統発生学的起源に関する示唆を得るとともに，この能力の出現に影響をおよぼした生態学的要因を知り，その進化史を構築できると期待される。

例として，第5章で取り挙げたキーアとワタリガラス（*Corvus corax*）という，2種の鳥類を，同一の課題状況で直接比較するという案を考える。これらの種は，同じ鳥類で体や脳の重量も比較的近いが，これらの種の間には生活史における特徴的な違いが見られる。すなわち，キーアは第5章で述べたように，餌の乏しい高地に生息し，生息環境には天敵がいない。こうした環境が，探索的で固執的な方略で餌を探す行動を進化させ，多様な物体操作や新奇対象選好といった行動的特徴につながったと考えられている。そのため，メタ認知のような過程を使うことなく行動している場面が多いかもしれない。一方のワタリガラスは，競合的な社会性が高く，天敵も多い環境に生息する（たとえば Bugnyar and Bernd, 2006; Bugnyar and Kostrschal, 2002）。したがって，複数の可能な問題解決方略の中から，それらをメタ認知することで適切な選択をすることが適応的である可能性がある。これらから，思考のメタ認知は，キーアよりもワタリガラスのほうがより発達しているかもしれない。

本書では，思考能力の進化について，鳥類やヒト幼児を対象としたプランニング能力の比較研究を通して考察した。動物の生息環境における物理的，社会的選択圧は，一方ではヒトの高度な思考につながる表象操作能力を多様な種に共通して発現させるとともに，他方では当該種それぞれの「思考」のあり方をも規定してきたようだ。今後の研究では，上述の諸視点に加えて，メタ認知，社会性，情動や感情をも含めた多様な心的過程との密接な関わりの中で「思考」の進化史を捉えることがますます重要となろう。とりわけ本節で論じた思考のメタ認知は，意識のような科学的な捉え方の難しい問題を，進化的視点から実証的に扱うことを可能にする意味で非常に有望といえる。ヒトの思考ひいては意識の進化史をこのように問い進めていくことは，われわれが自身のあり方を見つめ直すひとつの契機ともなるに違いない。

文　献

Adams, A., & Santi, A. (2011). Pigeons exhibit higher accuracy for chosen memory tests than for forced memory tests in duration matching-to-sample. *Learning & Behavior*, 39, 1–11.

Adams-Curtis, L. & Fragaszy, D. M. (1995). Influence of a skilled model of the behavior of conspecific observers in tufted capuchin monkeys (*Cebus apella*). *American Journal of Primatology*, 37, 65–71.

Auersperg, A. M. I., Gajdon, G. K., & Huber, L. (2009). Kea (*Nestor notabilis*) consider spatial relationships between objects in the support problem. *Biology Letters*, 5, 455–458.

Bauer, M. E., Schwade, J. A., Wewerka, S. S. & Delaney, K. (1999). Planning ahead: Goal-directed problem solving by 2-year-olds. *Developmental Psychology*, 35, 1321–1337.

Bautista, L. M., Tinbergen, J., Wiersma, P., & Kacelnik, A. (1998). Optimal foraging and beyond: How starlings cope with changes in food availability. *American Naturalist*, 152, 543–561.

Beran, M. J., Pate, J. L., Washburn, D. A., & Rumbaugh, D. M. (2004). Sequential responding and planning in chimpanzees (*Pan troglodytes*) and rhesus macaques (*Macaca mulatta*). *Journal of Experimental Psychology: Animal Behavior Processes*, 30, 203–212.

Biro, D., & Matsuzawa, T. (1999). Numerical ordering in a chimpanzee (*Pan troglodytes*): Planning, executing, and monitoring. *Journal of Comparative Psychology*, 113, 178–185.

Bischof, N. (1978). On the phylogeny of human morality. In Stent, G. (Ed.), *Morality as a biological phenomenon*. Berlin, Germany: Abakon. Pp. 53–74.

Bischof, N. (1985). *Das rützel Oedipus* [*The Oedipus riddle*]. Munich, Germany: Piper.

Bischof-Köhler, D. (1985). Zur phyogenese menschlicher motivation [On the phylogeny of human motivation]. In Eckensberger, L. H., & Lantermann, E. D. (Eds.), *Emotion und reflexivitut*. Vienna, Austria: Urban & Schwarzenberg. Pp. 3–47.

Bliss, J. P., Tidwell, P. D., & Guest, M. A. (1997). The effectiveness of virtual reality for administering spatial navigation training to firefighters. *Presence: Teleoperators and Virtual Environments*, 6, 73–86.

Boesch, C., & Boesch, H. (1984). Mental map in wild chimpanzees: An analysis of hammer transports for nut cracking. *Primates*, 25, 160–170.

Brejaart, R. (1988). Diet and feeding behaviour of the kea (*Nestor notabilis*). Dissertation, Lincoln University.

Bugnyar, T. & Bernd, H. (2006). Pilfering ravens, *Corvus corax*, adjust their behaviour to social context and identity of competitors. *Animal Cognition*, 9, 369–376.

Bugnyar, T. & Kotrschal, K. (2002). Observational learning and the raiding of food caches in ravens, *Corvus corax*: Is it tactical deception? *Animal Behaviour*, 64, 185–195.

Call, J. (2005). The self and other: A missing link in comparative social cognition. In Terrace, H. S., & Metcalfe, J. (Eds.), *The missing link in cognition: Origins of self-reflective consciousness*. New York: Oxford University Press. Pp. 321–341.

Call, J., & Carpenter, M. (2001). Do apes and children know what they have seen? *Animal Cognition*, 4, 207–220.

Chappell, J. & Kacelnik, A. (2002). Tool selectivity in a non-primate, the New Caledonian crow (*Corvus moneduloides*). *Animal Cognition*, 5, 1–17.

Clark, C. M. H. (1970). Observations on population, movements and food of the kea (*Nestor notabilis*). *Notornis*, 17, 105–114.

Claxton, L. J., Keen, R., & McCarty, M. E. (2003). Evidence of motor planning in infant reaching behavior. *Psychological Science*, 14, 354–356.

Clayton, N., Bussey, T., & Dickison, A. (2003). Can animals recall the past and plan for the future? *Nature Reviews Neuroscience*, 4, 685–691.

Clayton, N., & Dickinson, A. (1998). Episodic-like memory during cache recovery in scrub jays. *Nature*, 395, 272–274.

Cook, R. G., Shaw, R., & Blaisdell, A. P. (2001). Dynamic object perception by pigeons: Discrimination of action in video representations. *Animal Cognition*, 4, 137–146.

Correia, S. P. C., Dickinson, A., & Clayton, N. S. (2007). Western scrub-jays (*Aphelocoma Californica*) anticipate future needs independently of their current motivational state. *Current Biology*, 17, 856–861.

Cox, R. F. A., & Smitsman, A. W. (2006a). The planning of tool-to-object relations in young children's use of a hook. *Developmental Psychobiology*, 48, 178–186.

Cox, R. F. A., & Smitsman, A. W. (2006b). Action planning in young children's tool use. *Developmental Science*, 9, 628–641.

Davis, H. (1992). Transitive inference in rats (*Rattus norvegicus*). *Journal of Comparative Psychology*, 106, 342–349.

Diamond, A. (1990). Developmental time course in human infants and infant monkeys, and the neural bases of inhibitory control in reaching. In Diamond, A. (Ed.), *The development and neural bases of higher cognitive functions*. New York: New York Academy of Sciences. Pp. 637–669.

Diamond, A. (1991a). Neuropsychological insights in the meaning of object concept development. In Carey, S., & Gelman, R. (Eds.), *The epigenesis of mind*. Hillsdale, NJ: Erlbaum. Pp. 67–100.

Diamond, A. (1991b). Frontal lobe involvement in cognitive change during the first year of life. In Gibson, K. R., & Petersen, A. C. (Eds.), *Brain maturation and cognitive development*. New York: Aldine de Gruyter. Pp. 127–180.

Diamond, J., & Bond, A. B. (1999). *Kea, bird of paradox: The evolution and behavior of a New Zealand parrot*. Berkeley, CA: University of California Press.

Diamond, J., & Bond, A. B. (2003). A comparative analysis of social play in birds. *Behaviour*, 140, 1091–1115.

Diamond, J., & Bond, A. B. (2004). Social play in Kaka (*Nestor meridionalis*) with comparisons to Kea (*Nestor notabilis*). *Behaviour*, 141, 777–798.

Dunbar, R. I. M. (2000). Causal reasoning, mental rehearsal, and primate cognition. In Heyes, C., & Huber, L. (Eds.), *The Evolution of Cognition*. Cambridge, MA. The MIT Press. Pp. 205–219.

Dunbar, R. I. M., McAdam, M. R., & O'Connell, S. (2005). Mental rehearsal in great apes (*Pan troglodytes and Pongo pygmaeus*) and children. *Behavioural Processes*, 3, 323-330.

Ellis, S., & Gauvain, M. (1992). Social and cultural influences on children's collaborative interactions. In Winegar, L. T., & Valsiner, J. (Eds.), *Children's development within social context: Vol.2. Research and methodology*. Hillsdale, NJ: Lawrence Erlbaum Associates. Pp. 155-180.

Ellis, S., & Siegler, R. S. (1997). Planning as a strategy choice, or why don't children plan when they should? In Friedman, S. L., & Scholnick, E. K. (Eds.), *The developmental psychology of planning: Why, how, and when do we plan?* London: Lawrence Erlbaum Associates, Inc. Pp. 183-208.

Emery, N., & Clayton, N. (2001). Effects of experience and social context on prospective caching strategies in scrub jays. *Nature*, 414, 443-446.

Emery, N., & Clayton, N. (2004). Comparing the complex cognition of birds and primates. In Rogers, L., & Kaplan, G. (Eds.), *Comparative vertebrate cognition: Are primates superior to non-primates?* New York, USA: Kluwer Academic / Plenum Publishers. Pp. 3-55.

Foote, A. L., & Crystal, J. D. (2007). Metacognition in the rat. *Current Biology*, 17, 551-555.

Fragaszy, D., Johnson-Pynn, E., Hirsh, E. & Brakke, K. (2003). Strategic navigation of two-dimensional alley mazes: Comparing capuchin monkeys and chimpanzees. *Animal Cognition*, 6, 149-160.

Fragaszy, D., Kennedy, E., Mumane, A., Menzel, C., Brewer, G., Johnson-Pynn, J., & Hopkins, W. (2009). Navigating two-dimemsional mazes: Chimpanzees (*Pan troglodytes*) and capuchins (*Cebus apella sp.*) profit from experience differently. *Animal Cognition*, 12, 491-504.

Fragaszy, D., Visalberghi, E., & Fedigan, L. M. (2004). *The complete capuchin: The biology of the genus Cebus*. Cambridge, England: Cambridge University Press.

Friedman, S. L., & Scholnick, E. K. (1997). *The developmental psychology of planning: Why, how, and when do we plan?* London: Lawrence Erlbaum Associates, Inc.

Friedman, S. L., Scholnick, E. K. & Cocking, R. R. (1987). *Blueprints for thinking: The role of planning in cognitive development*. Cambridge, England: Cambridge University Press.

Frye, D., Zelazo, P. D., & Palfai, T. (1995). Theory of mind and rule-based reasoning. *Cognitive Development*, 10, 483-527.

藤田和生 (2004). 比較認知科学. In 大津由紀雄・波多野誼余夫（編）. 認知科学への招待－心の研究のおもしろさに迫る．研究社. Pp. 122-140.

Fujita, K. (2009). Metamemory in tufted capuchin monkeys (*Cebus apella*). *Animal Cognition*, 12, 575-585.

藤田和生 (2010). 比較メタ認知研究の動向．心理学評論, 53, 270-294.

Fujita, K., Kuroshima, H., & Asai, S. (2003). How do tufted capuchin monkeys (*Cebus apella*) understand causality involved in tool use? *Journal of Experimental Psychology: Animal Behavior Processes*, 29, 233-242.

Fujita, K., & Ushitani, T. (2005). Better living by not completing: A wonderful peculiarity of pigeon vision? *Behavioural Processes*, 69, 59-66.

Gagliardo, A., Ioalè, P., Savini, M., Lipp, H. P., & Dell'Omo, G. (2007). Finding home: The final step of the pigeons' homing process studied with a GPS data logger. *The Journal of Experimental*

Biology, 210, 1132−1138.

Gajdon, G., Fijn, N., & Huber, L. (2004). Testing social learning in a wild mountain parrot, the kea (*Nestor notabilis*). *Learning & Behavior*, 32, 62−71.

Gajdon, G. K., Fijn, N., & Huber, L. (2006). Limited spread of innovation in a wild parrot, the kea (*Nestor notabilis*). *Animal Cognition*, 9, 173−181.

Gallistel, C. R., & Cramer, A. E. (1996). Computations on metric maps in mammals: Getting oriented and choosing a multi-destination route. *Journal of Experimental Biology*, 199, 211−217.

Gardner, W. P., & Rogoff, B. (1990). Children's deliberateness of planning according to task circumstances. *Developmental Psychology*, 26, 480−487.

Garino, E., & McKenzie, B. E. (1988). Navigation of a maze by young children: The effect of ground and aerial previews. *Australian Journal of Psychology*, 40, 391−401.

Gibson, B. M., Wasserman, E. A., & Kamil, A. C. (2007). Pigeons and people select efficient routes when solving a one-way "traveling salesperson" task. *Journal of Experimental Psychology: Animal Behavior Processes*, 33, 244−261.

Gould, J. L. (1980). The evidence for magnetic sensitivity in birds and bees. *American Scientist*, 68, 256−267.

Gould, J. L. (2009). Animal navigation: A wake-up call for homing. *Current Biology*, 19, R338−R339.

Gould, J. L., & Gould, C. G. (2010). *Animal Navigation*. Princeton, NJ: Princeton University Press.

Hampton, R. R. (2001). Rhesus monkeys know when they remember. *Proceedings of the National Academy of Sciences of the United States of America*, 98, 5359−5362.

Heinrich, B. (2000). Testing insight in ravens. In Heyes, C, Huber, L. (Eds.), *The evolution of cognition*. Cambridge, MA: The MIT Press. Pp. 289−305.

Hoc, J. M. (1988). *Cognitive psychology of planning* (*Computers and people*). Waltham, MA: Academic Press.

Huber, L., & Gajon, G. K. (2006). Technical intelligence in animals: the kea model. *Animal Cognition*, 9, 295−305.

Huber, L., Gajdon, G. K., Federspiel, I., & Wedernich, D. (2008). Cooperation in keas: Social and cognitive factors. In Itakura, S., & Fujita, K. (Eds.), *Origins of the social mind: Evolutionary and developmental views*. Tokyo: Springer. Pp. 97−117.

Huber, L., Rechberger, S., & Taborsky, M. (2001). Social learning affects object exploration and manipulation in keas, *Nestor notabilis. Animal Behaviour*, 62, 945−954.

Hudson, J. A., Sosa, B. B., & Shapiro, L. R. (1997). Scripts and plans: The development of preschool children's event knowledge and event planning. In Friedman, S. L., & Scholnick, E. K. (Eds.), *The developmental psychology of planning: Why, how, and when do we plan?* London: Lawrence Erlbaum Associates, Inc. Pp. 183−208.

Inoue, S., & Matsuzawa, T. (2007). Working memory of numerals in chimpanzees. *Current Biology*, 17, 1004−1005.

Iversen, I. H., & Matsuzawa, T. (2001). Acquisition of navigation by chimpanzees (*Pan troglodytes*) in an automated fingermaze task. *Animal Cognition*, 4, 179−192.

Iversen, I. H., & Matsuzawa, T. (2003). Development of interception of moving targets by chimpanzees (*Pan troglodytes*) in an automated task. *Animal Cognition*, 6, 169–183.

Iwaniuk, A. N., Dean, K. M., & Nelson, J. E. (2005). Interspecific allometry of the brain and brain regions in parrots (*Psittaciformes*): Comparisons with other birds and primates. *Brain, Behavior and Evolution*, 65, 40–59.

Jacques, S., Zelazo, P. D., Kirkham, N. Z., & Semcesen, T., K. (1999). Rule selection versus rule execution in preschoolers: An error-detection approach. *Developmental Psychology*, 35, 770–780.

Janson, C. H. (1998). Experimental evidence for spatial memory in foraging wild capuchin monkeys, *Cebus apella*. *Animal Behaviour*, 55, 1229–1243.

Jorge, P. E., Marques, A. E., & Phillips, J. B. (2009). Activational rather than navigational effects of odors on homing of young pigeons. *Current Biology*, 19, 650–654.

Junger, M., Reinelt, G., & Rinaldi, G. (1997). The traveling salesman problem. In Dell' Amico, M., Maffioli, F., & Martello, S. (Eds.), *Annotated bibliographies in combinatorial optimization*. New York: Wiley. Pp. 199–221.

Kacelnik, A. (1984). Central place foraging in starlings (*Sturnus Vulgaris*). Ⅰ. Patch residence time. *Journal of Animal Ecology*, 53, 283–299.

Kacelnik, A., & Cuthill, I. C. (1987). Starlings and optimal foraging theory: Modeling in a fractal world. In Kamil, A. C., Krebs, J. R., & Pulliam, H. R. (Eds.), *Foraging behavior*. New York: Plenum Press. Pp. 303–333.

Kacelnik, A., & Cuthill, I. C. (1990). Central place foraging in starlings (*Sturnus Vulgaris*). Ⅱ. Food allocation to chicks. *Journal of Animal Ecology*, 59, 655–674.

Kawai, N., & Matsuzawa, T. (2000). Numerical memory span in a chimpanzee. *Nature*, 403, 39–40.

Keeton, W. T. (1974). The orientation and navigational bases of homing in birds. *Advances in the Study of Behavior*, 5, 47–132.

Köhler, W. (1925). *The mentality of apes*. London: Routledge & Kegan Paul.

Kornell, N., Son, L. K., & Terrace, H. S. (2007). Transfer of metacognitive skills and hint seeking in monkeys. *Psychological Science*, 18, 64–71.

Lawick-Goodall, J. (1971). *In the shadow of man*. New York: Dell.

Lawler, E. L., Lenstra, J. K., Rinnooy Kan, A. H. G., & Shmoys, D. B. (1986). *The traveling salesman problem: A guided tour of combinatorial optimization*. New York: Wiley.

Leighty, K. A., & Fragaszy, D. M. (2003a). Primates in cyberspace: using interactive computer tasks to study perception and action in non-human animals. *Animal Cognition*, 6, 137–139.

Leighty, K. A., & Fragaszy, D. M. (2003b). Joysick acquisition of tufted capuchins (*Cebus apella*). *Animal Cognition*, 6, 141–148.

Littman, M. L., Goldsmith, J., & Mundhenk, M. (1998). The computational complexity of probabilistic planning. *Journal of Artificial Intelligence Research*, 9, 1–36.

Lockman, J. J. (1984). The development of detour ability during infancy. *Child Development*, 55, 482–491.

Lockman, J. J., & Adams, C. D. (2001). Going around transparent and grid-like barriers: Detour ability as a perception-action skill. *Developmental Science*, 4, 463–471.

Lockman, J. J., & McHale, J. P. (1989). Infant and maternal exploration of objects: Developmental and contextual determinants. In Lockman, J. J., & Hazen, N. L. (Eds.), *Action in social context*. New York: Plenum. Pp. 129-167.

Lohmann, K. J., Lohmann, C. M. F., & Putman, N. F. (2007). Magnetic maps in animals: Nature's GPS. *The Journal of Experimental Biology*, 210, 3697-3705.

Lund, N. (2003). *Language and Thought* (*Routledge Modular Psychology*). New York, USA: Routledge.

Martin, T. I., & Zentall, T. M. (2005). Post-choice information processing by pigeons. *Animal Cognition*, 8, 273-278.

McCarty, M. E., Clifton, R. K., & Collard, R. R. (1999). Problem solving in infancy: The emergence of an action plan. *Developmental Psychology*, 35, 1091-1101.

McGonigle, B., Chalmers, M., & Dickinson, A. (2003). Concurrent disjoint and reciprocal classification by *Cebus apella* in seriation tasks: Evidence for hierarchical organization. *Animal Cognition*, 6, 185-197.

MacGregor, J. N., & Ormerod, T. C. (1996). Human performance on the traveling salesman problem. *Perception & Psychophysics*, 58, 627-539.

MacGregor, J. N., Ormerod, T. C., & Chronicle, E. P. (1999). Spatial and contextual factors in human performance on the traveling salesperson problem. *Perception*, 28, 1417-1427.

MacGregor, J. N., Ormerod, T. C., & Chronicle, E. P. (2000). A model of human performance on the traveling salesperson problem. *Memory & Cognition*, 28, 1183-1190.

McKenzie, T. L. B., Cherman, T., Bird, L. R. Naqshbandi, M., & Roberts, W. A. (2004). Can squirrel monkeys (*Saimiri sciureus*) plan for the future? Studies of temporal myopia in food choice. *Learning & Behavior*, 32, 377-390.

Menzel, E. W. (1973). Chimpanzee spatial memory organization. *Science*, 182, 943-945.

Miyata, H., & Fujita, K. (2008). Pigeons (*Columba livia*) plan future moves on computerized maze tasks. *Animal Cognition*, 11, 505-516.

Miyata, H., & Fujita, K. (2010). Route selection by pigeons (*Columba livia*) on "traveling salesperson" navigation tasks presented on an LCD screen. *Journal of Comparative Psychology*, 124, 433-446.

宮田裕光・藤田和生 (2011a). ヒト以外の動物におけるプランニング能力―霊長類と鳥類を中心に―. 動物心理学研究, 61, 69-82.

Miyata, H., & Fujita, K. (2011b). Flexible route selection by pigeons (*Columba livia*) on a computerized multi-goal navigation task with and without an "obstacle". *Journal of Comparative Psychology*, 125, 431-435.

Miyata, H., Gajdon, G. K., Huber, L., & Fujita, K. (2011). How do keas (*Nestor notabilis*) solve artificial-fruit problems with multiple locks? *Animal Cognition*, 14, 45-58.

Miyata, H., Itakura, S., & Fujita, K. (2009). Planning in human children (*Homo sapiens*) assessed by maze problems on the touch screen. *Journal of Comparative Psychology*, 123, 69-78.

Miyata, H., Ushitani, T., Adachi, I., & Fujita, K. (2006). Performance of pigeons (*Columba livia*) on maze problems presented on the LCD screen: In search for preplanning ability in an avian species. *Journal of Comparative Psychology*, 120, 358-366.

Morris, R. G. M. (1981). Spatial localization does not require the presence of local cues. *Learning & Motivation*, 12, 238-260.

Mulcahy, N. J., & Call, J. (2006). Apes save tools for future use. *Science*, 312, 1038-1040.

虫明元 (2001). 問題解決とその神経機構. In 乾敏郎・安西祐一郎（編）. 認知科学の諸展開②コミュニケーションと思考. 岩波書店. Pp. 203-233.

Mushiake, H., Saito, N., Sakamoto, K., Itoyama, Y., & Tanji, J. (2006). Activity in the lateral prefrontal cortex reflects multiple steps of future events in action plans. *Neuron*, 50, 631-641.

Mushiake, H., Saito, N., Sakamoto, K., Sato, Y., & Tanji, J. (2001). Visually based path planning by Japanese monkeys. *Cognitive Brain Research*, 11, 165-169.

Nakagaki, T., Yamada, H., & Ágota Tóth (2000). Intelligence: Maze-solving by an amoeboid organism. *Nature*, 407, 470.

Nakamura, N., Watanabe, S., Betsuyaku, T., & Fujita, K. (2011). Do birds (pigeons and bantams) know how confident they are of their perceptual decisions? *Animal Cognition*, 14, 83–93.

Naqshbandi, M., & Roberts, W. A. (2006). Anticipation of future events in squirrel monkeys (*Saimiri sciureus*) and rats (*Rattus norvegicus*): Tests of the Bischof-Köhler hypothesis. *Journal of Comparative Psychology*, 120, 345-357.

Newell, A., & Simon, H. A. (1972). *Human Problem Solving*. Englewroth Cliffs, NJ: Prentice-Hall.

Olton, D. S. (1977). Spatial memory. *Scientific American*, 236, 82-98.

Osvath, M., & Osvath, H. (2008). Chimpanzee (*Pan troglodytes*) and orangutan (*Pongo abelli*) forethought: Self-control and pre-experience in the face of future tool use. *Animal Cognition*, 11, 661-674.

Papi, F. (1976). The olfactory navigation system of homing pigeons. *Verhandlungen Der Deutschen Zoologischen Gesellschaft*, 69, 184-285.

Paz-y-Miño, G. C., Bond, A. B., Kamil, A. C., & Balda, R. P. (2004). Pinyon jays use transitive inference to predict social dominance. *Nature*, 430, 778-781.

Piaget, J. (1954). *The construction of reality in the child*. New York: Free Press.

Prior, H. & Güntürkün, O. (2001). Parallel working memory for spatial location and food-related object cues in foraging pigeons: Binocular and lateralized monocular performance. *Learning & Memory*, 8, 44-51

Raby, C. R., Alexis, D. M., Dickinson, A., & Clayton, N. S. (2007). Planning for the future by western scrub-jays. *Nature*, 445, 919-921.

Regian, J. W., Shebilske, W. L., & Monk, J. M. (1992). Virtual reality: An instructional medium for visual-spatial tasks. *Journal of Communication*, 42, 136-149.

Rensch, B. (1973). Play and art in monkeys and apes. In Menzel, E. W. Jr. (Ed.), *Symposium of the 4th International congress of Primatology, Vol. 1: Precultural primate behavior*. Basel, Switzerland: Karger. Pp. 102-103.

Roberts, W. A. (2002). Are animals stuck in time? *Psychological Bulletin*, 128, 473-489.

Rogoff, B., Baker-Sennett, J., & Matusov, E. (1994). Considering the concept of planning. In Haith, M. M., Benson, J. B., Roberts, J. R. Jr. & Pennington, B. F. (Eds.), *The development of future-oriented processes*. Chicago, IL: University of Chicago Press. Pp. 353-373.

Savage-Rumbaugh, E. S. (1986). *Ape language: from conditioned response to symbol.* New York: Columbia University Press.

Savage-Rumbaugh, E. S., McDonald, K., Sevcik, R. A. Hopkins, W. D., & Rubert, E. (1986). Spontaneous symbol acquisition and communicative use by pygmy chimpanzees (*Pan paniscus*). *Journal of experimental psychology: General*, 115, 211−235.

Scarf, D., & Colombo, M. (2010). The formation and execution of sequential plans in pigeons (*Columba livia*). *Behavioural Processes*, 83, 179−182.

Scarf, D., Danly, E., Morgan, G., Colombo, M., & Terrace, H. S. (2011). Sequential planning in rhesus monkeys (*Macaca mulatta*). *Animal Cognition*, 14, 317−324.

Schloegl, C., Dierks, A., Gajdon, G. K., Huber, L., Kotrschal, K., & Bugnyar, T. (2009). What you see is what you get? Exclusion performances in ravens and keas. *PLoS ONE*, 4, e6368. doi:10.1371/journal.pone.0006368

Shallice, T. (1982). Specific impairments of planning. *Philosophical Transactions of the Royal Society B: Biological Sciences*, 298, 199−209.

Shettleworth, S. J. (2007). Planning for breakfast. *Nature*, 445, 825−826.

Shima, K., Isoda, M., Mushiake, H., & Tanji, J. (2007). Categorization of behavioural sequences in the prefrontal cortex. *Nature*, 445, 315−318.

清水透 (2000). 心の進化と脳の進化. In 渡辺茂（編）. 心の比較認知科学. ミネルヴァ書房. Pp. 27−81.

Smith, J. D., Schull, J., Strote, J., McGee, H., Egnor, R., & Erb, L. (1995). The uncertain response in the bottlenosed dolphin (*Tursiops truncatus*). *Journal of Experimental Psychology: General*, 124, 391−408.

Sober, S. J., & Sabes, P. N. (2005). Flexible strategies for sensory integration during motor planning. *Nature Neuroscience*, 8, 490−497.

Streidter, G. F. (2005). *Principles of brain evolution.* Sunderland, MA: Sinauer Associates.

Suddendorf, T. (2006). Foresight and evolution of the human mind. *Science*, 312, 1006−1007.

Suddendorf, T., & Corballis, M. C. (1997). Mental time travel and the evolution of the human mind. *Genetic, Social, and General Psychology Monographs*, 123, 133−167.

Suddendorf, T., & Corballis, M. C. (2007). The evolution of foresight: What is mental time travel and is it unique to humans? *Behavioral and Brain Sciences*, 30, 299−351.

Sutton, J. E., & Shettleworth S. J. (2008). Memory without awareness: Pigeons do not show metamemory in delayed matching to sample. *Journal of Experimental Psychology: Animal Behavior Processes*, 34, 266−282.

Tarsitano, M. S., & Andrew, R. (1999). Scanning and route selection in the jumping spider *Portia labita*. *Animal Behaviour*, 58, 255−265.

Tarsitano, M. S., & Jackson, R. R. (1992). Influence of prey movement on the performance of simple detours by jumping spiders. *Behaviour*, 123, 106−120.

Tarsitano, M. S., & Jackson, R. R. (1994). Jumping spiders make predatory detours requiring movement away from prey. *Behaviour*, 131, 65−73.

Tarsitano, M. S., & Jackson, R. R. (1997). Araneophagic jumping spiders discriminate between

detour routes that do and do not lead to prey. *Animal Behaviour*, 53, 257–266.
Tebbich, S., & Bshary, R. (2004). Cognitive abilities related to tool use in the woodpecker finch, *Cactospiza pallida*. *Animal Behaviour*, 67, 689–697.
Tebbich, S., Taborsky, M., & Winkler, H. (1996). Social manipulation causes cooperation in keas. *Animal Behaviour*, 52, 1–10.
Temple, P. (1996). *The book of the kea*. Auckland, New Zealand: Hodder Moa Beckett.
Tero, A., Takagi, S., Saigusa, T., Ito, K., Bebber, D. P., Fricker, M. D., Yumiki, K., Kobayashi, R., & Nakagaki, T. (2010). Rules for biologically inspired adaptive network design. *Science*, 327, 439–442.
Thorndike, E. L. (1898). Animal Intelligence: An experimental study of the associative processes in animals. *Psychological Review Monograph Supplement*, 2, 8.
Thorup, K., Bisson, I. A., Bowlin, M. S., Holland, R. A., Wingfield, J. C., Ramenofsky, M., & Wikelski, M. (2007). Evidence for a navigational map stretching across the continental U.S. in a migratory songbird. *Proceedings of the National Academy of Sciences of the United States of America*, 104, 18115–18119.
Tolman, E. C., Richie, B. F., & Kalish, D. (1946). Studies in spatial learning. Ⅰ. orientation and the short-cut. *Journal of Experimental Psychology*, 36, 13–24.
Trommershäuser, J., Landy, M. S., & Maloney, L. T. (2006). Humans rapidly estimate expected gain in movement planning. *Psychological Science*. 17, 981–988.
Tulving, E. (2005). Episodic memory and autonoesis: uniquely human? In Terrace, H. and Metcalfe, J. (Eds.), *The missing link in cognition: Evolution of self-knowing consciousness*. New York: Oxford University Press. Pp. 3–56.
Unterrainer, J. M., & Owen, A. M. (2006). Planning and problem solving: From neuropsychology to functional neuroimaging. *Journal of Physiology-Paris*, 99, 308–317.
van den Heuvel, O. A., Groenewegen, H. J., Barkhof, F., Lazeron, R. H. C., van Dyck, R., & Veltman, D. J. (2003). Frontostriatal system in planning complexity: A parametric functional magnetic resonance version of Tower of London task. *NeuroImage*, 18, 367–374.
Visalberghi, E., Fragaszy, D. M., & Savage-Rumbaugh, S. (1995). Performance in a tool-using task by common chimpanzees (*Pan troglodytes*), bonobos (*Pan paniscus*), an orangutan (*Pongo pygmaeus*), and capuchin monkeys (*Cebus apella*). *Journal of Comparative Psychology*, 109, 52–60.
von Fersen, L., Wynne, C. D. L., Delius, J. D., & Staddon, J. E. R. (1991). Transitive inference formation in pigeons. *Journal of Experimental Psychology: Animal Behavior Processes*, 17, 334–341.
Wallraff, H. G. (1981). The olfactory component of pigeon navigation. *Journal of Comparative Physiology*, 143, 411–422.
Washburn, D. A. (1992). Analyzing the path of responding in maze-solving and other tasks. *Behavior Research Methods, Instruments, & Computers*, 24, 248–252.
Washburn, D. A., & Astur, R. S. (2003). Exploration of virtual mazes by rhesus monkeys (*Macaca mulatta*). *Animal Cognition*, 6, 161–168.

渡辺茂・小嶋祥三 (2007). 心理学入門コース 7 脳科学と心の進化. 岩波書店.

Watanabe, S., & Troje, N. F. (2006). Towards a "virtual pigeon": A new technique for investigating avian social perception. *Animal Cognition*, 9, 272-279.

Weir, A. A. S., Chappell, J., & Kacelnik, A. (2002). Shaping of hooks in New Caledonian crows. *Science*, 297, 981.

Weir, A. A. S., & Kacelnik, A. (2007). A New Caledonian crow (*Corvus moneduloides*) creatively re-designs tools by bending or unbending aluminium strips. *Animal Cognition*. 9, 317-334.

Werdenich, D., & Huber, L. (2006). A case of quick problem solving in birds: String pulling in keas, *Nestor notabilis. Animal Behaviour*, 71, 855-863.

Wilcox, S., & Jackson, R. (2002). Jumping spider tricksters: Deceit, predation, and cognition. In. Bekoff, M., Allen, C., & Burghardt, G. M. *The cognitive animal: Empirical and theoretical perspectives on animal cognition*. Cambridge, MA: The MIT Press. Pp. 27-33.

Witmer, B. G., Bailey, J. H., & Knerr, B. W. (1994). Training dismounted soldiers in virtual environments: Rute learning and transfer. In Interservice/Industry Training System and Education Conference, National Defense industrial Association, Orlando, FL. Pp. 2-11.

山本芳嗣・久保幹雄 (1997). 巡回セールスマン問題への招待. 朝倉書店.

Zeigler, H. P., & Bischof, H. J. (1993). *Vision, Brain, and Behavior in Birds*. Cambridge, MA: The MIT Press.

あとがき

　物心ついたころから，身近な生き物や自然がとにかく好きだった。買ってもらった生物図鑑を何時間も眺めては，虫捕り網を片手に野外に出て，昆虫や小動物を採集したり，小魚を水槽で飼育したりしていた。美しいタナゴがひっきりなしに泳ぐ様や，毎日あげる餌で成長していくザリガニ，初秋の夜を派手な鳴き声で彩ったマツムシやクツワムシ。どれほど長い時間観察していても飽きることのない，それは幸せな時間だった。家の近くでオオムラサキが偶然見られたある夏，その大きな蝶を初めて手づかみにした時の心臓が飛び出るような感動も忘れられない。同時に，京都大学を代表する学者の伝記にも触れ，純粋な探求心に突き動かされて学問の道を進んだ先達たちの存在を知った。その後の人生で，いろいろな進路の分岐点を経験し，あるいは研究活動のなかで壁に当たることがあっても，結局のところ，小学校の頃くらいまでに体験し，触れてきたものたちに，自分の根っこのところはいつも規定されているような気がする。

　その後，進学した京都大学の心理学研究室で，藤田和生教授に出会った。地球上の動物たちは，すべて等しく大切な価値を持った存在であり，我々ヒトは人間中心主義を捨てなければならない。そのような信念を貫いて，実証研究を続けられている教授の姿勢に感銘を受けた。そして，世界でまだ誰もやっていない研究方法を，自分で開発して，自ら道を切り拓いていくという，学問に対するスタンスを教えていただき，研究者としての基礎を作っていただいた。そのような活動を通して，ハトやキーア，幼児を対象とした先読みや道順計画の研究から，ヒトの思考の進化を考えるひとつのストーリーが浮かび上がってきた。分からないことばかりだった学部学生だった頃から，主任指導教員として私を温かく見守り，導いて下さった藤田教授に，心より感謝を申し上げる。

　本書に記された研究の遂行にあたっては，多くの支援と助言を受けた。京都大学の板倉昭二教授には，幼児の研究をはじめ研究全般をご指導頂いた。京都大学の田中正之教授，千葉大学の牛谷智一准教授，京都大学の足立幾磨助教，千葉大学の中村哲之助教，大阪教育大学の渡邉創太氏には，研究全般でご指導，

ご協力を頂いた。ウィーン大学の Ludwig Huber 教授，Gyula K. Gajdon 氏には，キーアでの研究をご指導頂いた。江上園子准教授，森口佑介准教授，浅田晃佑氏，角真梨恵氏，木原枝里子氏，久保佳弥子氏，黒島妃香氏，高聖美氏，酒井歩氏，嶋田容子氏，髙岡祥子氏，梨原尚至氏，服部有希氏，前田朋美氏，森本陽氏，簗瀬麻衣子氏には，幼児の実験にご協力頂いた。この場を借りて厚く御礼申し上げる。

本書に記したハトでの実験は，京都大学動物実験委員会での承認を得て行ったものである。またキーアでの実験は，動物飼育および研究に関するオーストリア共和国の法令を遵守して行った。実験に協力してくれたハト，キーアと，子どもたちにも感謝したい。

本書に記した研究は，日本学術振興会特別研究員研究費（科学研究費補助金）（代表者：宮田裕光），同会科学研究費補助金 No. 14651020，No. 17300085（代表者：藤田和生），No. 16500161（代表者：板倉昭二），Austrian Science Fund (FWF) Grant Number P19087-B17（代表者：Ludwig Huber），日産科学振興財団研究助成（代表者：板倉昭二），文部科学省 21 世紀 COE プログラム「心の働きの総合的研究教育拠点」（京都大学，拠点番号 D-10），同省グローバル COE プログラム「心が活きる教育のための国際的拠点」（京都大学，拠点番号 D-07）の援助を受けて行ったものである。記して厚く御礼申し上げる。

本書は，2009 年 3 月に京都大学大学院文学研究科に提出した課程博士論文「思考能力の進化的起源：ハト・ヒト幼児・kea（ミヤマオウム）を対象とした比較研究」の内容に加筆，修正を加えたものである。本書の刊行にあたり，京都大学「平成 25 年度総長裁量経費　若手研究者に係る出版助成事業」の支援を受けた。京都大学学術出版会編集長の鈴木哲也氏と，編集担当の永野祥子氏からは，執筆上の貴重なご助言を頂いた。心より御礼申し上げる。

最後に，今日まで私を育て，またいつも応援してくれている両親と祖母に感謝したい。

2013 年 12 月

宮田　裕光

図表出典

※著者自身によるものは除く。

口絵1下，図 2-1〜2-8
Miyata, H., Ushitani, T., Adachi, I., & Fujita, K. (2006). Performance of pigeons (*Columba livia*) on maze problems presented on the LCD screen: In search for preplanning ability in an avian species. *Journal of Comparative Psychology*, 120, 358−366. Copyright ©2006 by the American Psychological Association.

口絵3，図 4-2〜4-3，表 4-1〜4-5
Miyata, H., & Fujita, K. (2010). Route selection by pigeons (*Columba livia*) on "traveling salesperson" navigation tasks presented on an LCD screen. *Journal of Comparative Psychology*, 124, 433−446. Copyright ©2010 by the American Psychological Association.

口絵4下，図 5-3(a)，5-4〜5-5，表 5-1〜5-3
Reprinted from *Animal Cognition*, 14, 2011, 45−58. How do keas (*Nestor notabilis*) solve artificial-fruit problems with multiple locks?, Miyata, H., Gajdon, G. K., Huber, L., & Fujita, K., with kind permission from Springer Science and Business Media.

図 1-1
Reprinted from *Animal Cognition*, 5, 2002, 1−17, Tool selectivity in a non-primate, the New Caledonian crow (*Corvus moneduloides*), Chappell, J. & Kacelnik, A., with kind permission from Springer Science and Business Media.

図 1-4，1-9，1-11〜1-12
宮田裕光・藤田和生（2011a）．ヒト以外の動物におけるプランニング能力―霊長類と鳥類を中心に―. 動物心理学研究, 61, 69-82.（日本動物心理学会の許諾を得て転載）

図 1-5
Reprinted by permission from Macmillan Publishers Ltd: *Nature*, 403, 39−40, copyright 2000.

図 1-6
Reprinted from *Animal Cognition*, 6, 2003, 149−160., Strategic navigation of two-dimensional alley mazes: Comparing capuchin monkeys and chimpanzees, Fragaszy, D., Johnson-Pynn, E., Hirsh, E. & Brakke, K., with kind permission from Springer Science and Business Media.

図 1-7
Reprinted from *Neuron*, 50, Mushiake, H., Saito, N., Sakamoto, K., Itoyama, Y., & Tanji, J., Activity

in the lateral prefrontal cortex reflects multiple steps of future events in action plans, 631–641, Copyright (2006), with permission from Elsevier.

図 1–8
Reprinted from Behavioural Processes, 69, Dunbar, R. I. M., McAdam, M. R., & O'Connell, S., Mental rehearsal in great apes (*Pan troglodytes and Pongo pygmaeus*) and children, 323–330, Copyright (2005), with permission from Elsevier.

図 1–10
Reprinted by permission from Macmillan Publishers Ltd: *Nature*, 445, 825–826, copyright 2007.

図 3–1～3–5
Reprinted from *Animal Cognition*, 11, 2008, 505–516. Pigeons (*Columba livia*) plan future moves on computerized maze tasks, Miyata, H., & Fujita, K., with kind permission from Springer Science and Business Media.

図 4–1
Gallistel, C. R., & Cramer, A. E. (1996). Computations on metric maps in mammals: Getting oriented and choosing a multi-destination route. *Journal of Experimental Biology*, 199, 211–217.

図 4–4
Miyata, H., & Fujita, K. (2011b). Flexible route selection by pigeons (*Columba livia*) on a computerized multi-goal navigation task with and without an "obstacle". *Journal of Comparative Psychology*, 125, 431–435. Copyright ©2011 by the American Psychological Association.

図 5–1
Reprinted from *Animal Behaviour*, 62, Social learning affects object exploration and manipulation in keas, *Nestor notabilis*, 945–954, Copyright (2001), with permission from Elsevier.

図 5–2 (a)
Reprinted from *Learning & Behavior*, 32, 2004, 62–71. Testing social learning in a wild mountain parrot, the kea (*Nestor notabilis*), Gajdon, G., Fijn, N. & Huber, L., with kind permission from Springer Science and Business Media.

図 5–2 (b)
Reprinted from *Animal Cognition*, 9, 2006, 173–181. Limited spread of innovation in a wild parrot, the kea (*Nestor notabilis*), Gajdon, G. K., Fijn, N., & Huber, L., with kind permission from Springer Science and Business Media.

図表出典

図 6-1〜6-7
Miyata, H., Itakura, S., & Fujita, K. (2009). Planning in human children (*Homo sapiens*) assessed by maze problems on the touch screen. *Journal of Comparative Psychology*, 123, 69-78. Copyright ©2009 by the American Psychological Association.

図 7-1
渡辺茂・小嶋祥三（2007）．心理学入門コース7 脳科学と心の進化．岩波書店．（許可を得て転載）

コラム1
Reprinted from *Animal Behaviour*, 53, Tarsitano, M. S., & Jackson, R. R., Araneophagic jumping spiders discriminate between detour routes that do and do not lead to prey, 257-266, Copyright (1997), with permission from Elsevier.

コラム3
From Tero et al. (2010) Rules for biologically inspired adaptive network design, *Science*, 327, 439-442. Reprinted with permission from AAAS.

索　引

[ア行]

アカゲザル　14, 168, 174
遊び行動　104, 131
アフォーダンス　129
アメリカカケス　22-25, 175
アルゴリズム　98, 153
意識　171, 176
1次表象　→表象
位置偏好　114, 117-118, 123, 128-129, 157
意味記憶　174
運動関連皮質　7
エピソード記憶　9, 172, 174
　　エピソード記憶的記憶　70, 173
エミュレーション　104
オペラント学習　10
　　オペラント装置　i
　　オペラントボックス　29
オランウータン　17, 21, 174

[カ行]

外側外套　159
外側前頭前野皮質　17
解の最適化　74
カウンターバランス　113
鍵開け（人工果実）課題　26, 104, 107, 128, 155, 157
核構造　159
掛け金課題　128
感覚運動期　134
観察学習　105
キーア（ミヤマオウム）　iv, 26, 103-108, 110-111, 113-114, 116-119, 121, 123-125, 127-132, 155, 157-158, 162, 176
帰巣　165-168

機能的核磁気共鳴画像法　8
吸てつ　134
強化子　29-30
強化履歴　100
共通祖先　10
協力　104
空間移動　→ナビゲーション
グレインホッパー　i, 29-30, 53, 78
系統発生学　10, 26, 153, 162, 176
系列（的）学習　169-170, 172
　　系列学習課題　13
系列反応課題　172
げっ歯類　28
原形質　163
原始爬虫類　10
原生生物　163
好気性代謝　161
高次表象　→表象
行動生態学　165
後部頭頂皮質　7
コウモリ　131
効率性　107-108
ゴリラ　174

[サ行]

最適採食理論　165, 168
先読み　49-50, 53-55, 61, 73, 98, 135, 146, 156-157, 167
視覚探索　175
至近点選択方略　76, 83-86, 97-98, 100, 167
刺激間間隔　78, 144
刺激性制御　100
刺激般化　69
次元変化カード分類課題　151
試行間間隔　31, 53, 63-64, 77, 138-139

試行錯誤　2, 21, 107, 129-130, 132, 158, 167
　　試行錯誤的問題解決　2
事後呈示　174
自然選択　24
事前呈示　29, 31-34, 36-39, 41-43, 47-49, 51, 62-65, 67-68, 108, 114-125, 127, 129-130, 136, 139-144, 156-158, 173
事前プラン　→プラン
実験心理学　2, 5
実行機能　151
社会的学習　105-106
十字形迷路　→迷路課題
修正プラン　→プラン
収斂進化　10
巡回セールスマン問題　73-74, 163, 165, 169
　　巡回セールスマン課題　iii, 26, 75-77, 79-80, 83-84, 86-88, 90-91, 93-94, 97-98, 100-101, 157, 165, 167-168
ジョイスティック　14, 16, 28, 168
条件性強化子　81, 94
小脳　7
新奇対象選好　103, 131, 176
神経解剖学　69, 132
神経心理学　7
神経生理学　16
人工果実課題　→鍵開け課題
人工知能学　7
真正粘菌　163
心的時間旅行　9, 12, 175
心的地図　12
心的表象　→表象
心的リハーサル　18
数字入れ替え課題　→スワップ課題
推移的推論　3, 70
スキナーボックス　29
スワップ課題（数字入れ替え課題）　13
　　スワップ試行　13-14, 172
生活史　10, 103, 155

生態学　26, 176
性淘汰　161
脊椎動物　10-12
節足動物　12
セルフスタートキー　31, 53, 64, 77, 139, 144
潜在学習　170
潜在的プランニング　→プランニング
選択圧　25, 153, 176
全地球測位システム　166
前頭前野皮質　7, 69, 160-161
前脳　69
前部帯状回　7
巣外套　69, 159-160
層構造　159

[タ行]
代謝率　160-161
大脳基底核　8, 161
大脳新皮質　7-8, 10, 132, 159-161
タイムアウト　31, 53, 64, 78, 174
他行動分化強化　31
タッチモニター　v, 28, 135, 142, 150-151, 158
　　タッチスクリーン　143
　　タッチパネル　28-29
短期記憶　14
短期的プランニング　→プランニング
探索性　107, 129-130, 132
探索的行動　106
遅延見本合わせ　→見本合わせ課題
中脳　161
チューブ　105-106
長期記憶　38
鳥類　10
貯食　20, 22-25, 27, 155
チンパンジー　8, 13-14, 16-17, 21, 28, 74, 174
つつき反応　27, 69
適応的特殊化　24

索　引

道具使用　3, 19-21, 24, 27
洞察　2, 19, 70, 106
　　洞察的問題解決　2

［ナ行］
内外套　159
ナビゲーション（空間移動）　142
　　ナビゲーション（空間移動）課題　i, 26, 29-30, 51, 73, 77, 97, 137, 150, 155, 173
ニホンザル　16-17
ニューカレドニアガラス　3-4, 19, 25
ニュージーランド　26, 103, 105, 131-132
ニューロン　17
ニワトリ　174-175
ネコ　2

［ハ行］
背外側前頭前野皮質　7-8
背側外套　159-160, 162
背側脳室突起　159
ハエトリグモ　11-12
ハト　i-iii, vi , 3, 26-27, 29-30, 32-38, 40-41, 46-52, 54, 57-58, 60, 62, 64-68, 70, 73, 75-77, 79-83, 85, 87-92, 94-101, 107, 135, 143, 152, 155-158, 162, 165-169, 173-175
ハノイの塔課題　134
ハルパゴルニスワシ　131
繁殖戦略　160-161
ハンドウイルカ　174
反応時間　38, 51, 55, 57-58, 60-61, 66-67, 69, 115-117, 120-121, 127, 130, 141-142, 144, 147-149, 156-158, 172
比較心理学　2-3, 71
比較認知科学　133
尾状核　8
ビショフ−ケーラー仮説　9, 20
ヒト幼児　v, 17, 134-135, 137, 142, 152, 158

ヒューリスティックス　98
表象　12
　　1次表象　5, 155
　　高次表象　5, 155
　　心的表象　5, 20, 27 , 69, 152, 162, 171
　　表象操作　5-7, 155, 163, 176
標的インターセプト課題　16
日和見採食主義　104
フサオマキザル　3, 16-17, 28, 90, 128, 174
ブナ　131
プラン　149
　　事前プラン　149
　　修正プラン　150
　　予防プラン　150
プランニング　7-14, 16-22, 24-27, 29, 32, 34-51, 54, 58-62, 67-70, 73, 98, 101, 103, 107-108, 118, 121, 124, 128-130, 132,134-136, 140, 142-144, 149-153, 155-160, 162, 165, 169-173, 175-176
　　短期的プランニング　26
　　潜在的プランニング　130, 132
ベルベットモンキー　75, 90
ホシムクドリ　165, 167
ボノボ　8, 174

［マ行］
マスク試行　13
マツカケス　3
回り道課題　→迷路課題
見本合わせ課題　27, 175
　　遅延見本合わせ　175
ミヤマオウム　→キーア
ムカシトカゲ　131
無気性代謝　161
迷路課題　ii, 13, 16-17, 26-29, 31, 37-38, 42, 46-47, 49-53, 58, 61-62, 73, 134-136, 138-139, 143, 150, 152, 155, 168, 173-174
　　十字形迷路　26
メタ認知　170-176

モーガンの公準　71
模倣　134
問題解決　vi, 4-5, 7, 12
問題箱　2, 17

[ヤ行]
抑制制御　151, 158
予見的制御　134
予防プラン　→プラン

[ラ行]
ラット　3, 20, 174

ラポール　137
ランドマーク　166
リーチング　134
リスザル　3, 20
霊長類　8, 10, 11, 13, 16, 20, 24, 25, 28, 68, 69, 75, 90, 105, 133, 135, 155, 168
ロンドン塔課題　7-8

[ワ行]
ワタリガラス　106, 176

【著者紹介】
宮田　裕光（みやた　ひろみつ）
青山学院大学ヒューマン・イノベーション研究センター助教
京都大学文学部人文学科卒業，同大学院文学研究科博士後期課程修了。2009年3月，博士（文学）。日本学術振興会特別研究員，（独）科学技術振興機構ERATO研究員を経て現職。

（プリミエ・コレクション　48）
動物の計画能力 ── 「思考」の進化を探る　　　　　　©MIYATA Hiromitsu 2014
2014年3月31日　初版第一刷発行

　　　　　　　　　　　　著　者　　宮田　裕光
　　　　　　　　　　　　発行人　　檜山　爲次郎
　　　　　発行所　　京都大学学術出版会
　　　　　　　　　　　　京都市左京区吉田近衛町69番地
　　　　　　　　　　　　京都大学吉田南構内（〒606-8315）
　　　　　　　　　　　　電　話（075）761-6182
　　　　　　　　　　　　ＦＡＸ（075）761-6190
　　　　　　　　　　　　ＵＲＬ　http://www.kyoto-up.or.jp
　　　　　　　　　　　　振　替　01000-8-64677

ISBN978-4-87698-397-1　　　　　　印刷・製本　㈱クイックス
Printed in Japan　　　　　　　　　定価はカバーに表示してあります

本書のコピー，スキャン，デジタル化等の無断複製は著作権法上での例外を除き禁じられています。本書を代行業者等の第三者に依頼してスキャンやデジタル化することは，たとえ個人や家庭内での利用でも著作権法違反です。